# 逆生长法则

希文◎主编

中华工商联合出版社

**图书在版编目（CIP）数据**

逆生长法则 / 希文主编 . -- 北京：中华工商联合出版社，2021.1

ISBN 978-7-5158-2951-7

Ⅰ．①逆… Ⅱ．①希… Ⅲ．①成功心理－通俗读物

Ⅳ．① B848.4-49

中国版本图书馆 CIP 数据核字（2020）第 235848 号

**逆生长法则**

主　　编：希　文
出 品 人：李　梁
责任编辑：王　欢
装帧设计：星客月客动漫设计有限公司
责任审读：傅德华
责任印制：迈致红
出版发行：中华工商联合出版社有限责任公司
印　　刷：三河市燕春印务有限公司
版　　次：2021 年 4 月第 1 版
印　　次：2024 年 5 月第 5 次印刷
开　　本：710mm × 1000 mm　1/16
字　　数：209 千字
印　　张：12.75
书　　号：ISBN 978-7-5158-2951-7
定　　价：65.00 元

服务热线：010-58301130-0（前台）
销售热线：010-58302977（网店部）
　　　　　010-58302166（门店部）
　　　　　010-58302837（馆配部、新媒体部）
　　　　　010-58302813（团购部）
地址邮编：北京市西城区西环广场 A 座
　　　　　19-20 层，100044
http://www.chgslcbs.cn
投稿热线：010-58302907（总编室）
投稿邮箱：1621239583@qq.com

前言

　　100 多年前，当有人用极其尊敬的口吻问卢梭毕业于哪所名校时，卢梭的回答出人意料且引人深思："我在学校里接受过教育，但最令我受益匪浅的学校叫'逆境'。"

　　原来，是逆境成就了伟大的卢梭。这也印证了一句老话：自古英雄多磨难，从来纨绔少伟男。

　　人生的旅途上，谁没有面临过逆境？为什么很多人不能成为强者，只是在逆境的漩涡中苦苦挣扎最终毁灭或无奈地走向平庸？

　　成为强者与沦为弱者的区别在于——能否有效应对逆境。人生逆境有千种，应变之道有万法。每一种逆境都需要高超的智慧去应对。有些逆境只不过是水烧开前的噪音，你只需要有再添一把柴的耐心与行动就行了；有些逆境却是十字路口的红灯，警告你不要一意孤行，这时你需要另找一条适合自己的路；还有一些逆境其实只存在于你的心中，你需要大胆地打破自设的心理牢笼。

　　对于逆境，有一首诗非常值得我们细细品味——

逆境并不意味着你是一个失败者

而是意味着你还没有成功。

逆境并不意味着你一事无成

而是意味着你学到了教训。

逆境并不意味着你是一个笨蛋

而是意味着你有着坚定的信念。

逆境并不意味着你蒙受了羞辱

而是意味着你从此更奋发加倍努力。

逆境并不意味着你处境被动

而是意味着你必须采取不同的方式。

逆境并不意味着你已不可救药

而是意味着你已意识到自己并不完美。

逆境并不意味着你浪费了生命

而是意味着你有理由重新开始。

逆境并不意味着你应该放弃

而是意味着你必须更加努力。

逆境并不意味着你将永远也不会成功

而是意味着成功还需要一点点时间。

逆境并不意味着上帝已经抛弃了你

而是意味着上帝给了你一个更好的主意！

# 目录

第一章

# 怎样走出人生逆境

逆境是人生的清醒剂。在曲折的道路上获得思想，是你在一帆风顺时难以得到的。

——朱比·亚诺（美国演说家）

"为什么，受伤的总是我？我到底做错了什么？"——这是一首经典老歌中的歌词。这句歌词表达了一个人在"受伤"时的悲伤与痛楚，却又没有流于感性的情感泛滥，而是对"受伤"的原因进行了理性而又冷静的追问："我到底做错了什么？"痛定思痛，这种追问，既是对人，更是对己。

不幸的遭遇缠上了自己，很多时候根源其实在于自己。比如说做生意受了骗，根源在于自己的轻信……治病要找到病灶，身处逆境的人要想"咸鱼翻身"，也要找到导致逆境的根源。只有对症下药，才能药到病除。因此，一个人身处逆境时，千万别忘了多问自己几声：我到底做错了什么？

本章紧扣"我到底做错了什么"这一话题，将容易导致灾难与不幸降临的人性弱点抽茧剥丝，一一点出、层层剖析。这些人性弱点有的看似无关紧要，但正如蚂蚁溃堤，日积月累会给人带来巨大的损失。处于逆境中的人，如果正视这些人性弱点并采取相应措施，不仅有助于走出逆境，还有助于在日后减少逆境再度降临的概率。

## 在逆境中保持自信

在一次比赛中，一位著名的击剑运动员输给了一个与自己水平不分伯仲的对手。第二次相遇时，尽管他并非技不如人，但由于上次失利阴影的影响，这名运动员又输掉了这一场比赛。第三次比赛前，这名运动员做了充分的准备，他特意录制了一盘录音带，反复鼓励告诫自己有实力战胜对手，每天他都要将这盘录音带听上几遍，心理障碍消除了，他终于在第三次比赛中击败对手。

在体育比赛中，我们总能看到，弱队战胜强队，大爆冷门，或是在商战中，实力弱的公司战胜实力强的公司。为什么呢？因为在诸多因素之中，充满必胜的信心去迎接挑战，是取得克敌制胜成功的基础。

缺乏自信常常是性格软弱和事业失败的主要原因。有一个美国的外科医生，他以善做面部整形手术闻名遐迩。他创造了奇迹，许多容貌丑陋的人经他整形后都会变成漂亮的人。而他发现，某些接受手术的人，虽然他们的整形手术很成功，但仍找他抱怨说在手术后自己还是不漂亮，说手术没什么成效。

于是；医生悟到这样一个道理：美与丑，并不仅仅在于一个人的本来面貌如何，还在于他是如何看待自己的。

如果一个人总是自惭形秽，那他就不会成为一个美丽出众的人；同样，如果他不觉得自己聪明，那他就永远成不了聪明智慧的人。

一个人只要有自信，那么他就能成为他希望成为的那种人。

有这么一件事：心理学家从一班大学生中挑出一个最愚笨、最不招人喜爱的姑娘，并要求她的同学们改变以往对她的看法。在一个风和日丽的日子里，大家都争先恐后地照顾这位姑娘，向她献殷勤，陪她回家，大家打心里认定她是位漂亮聪慧的姑娘。结果怎样呢？不到一年，这位姑娘出落得很漂亮大方，连她的举止也跟以前判若两人。她自豪地对人们说：她获得了新生。确实，她并没有变成另一个人，然而在她的身上却展现出蕴藏的美，这种美只有在我们相信自己，周围的所有人也都相信我们、爱护我们的时候才会展现出来。

许多人以为，自信心的有无是天生的、不变的。其实并非如此。童年时代招人喜爱的孩子，从小就感觉到自己是善良、聪明的，因此才会获得别人的喜爱。于是他就尽力使自己的行为名副其实，努力造就自己，并成为他相信的那样被大家喜爱的人。而那些不得宠的孩子呢？人们总是训斥他们："你是个笨蛋、窝囊废、懒鬼，是个游手好闲的东西！"于是他们就真的自暴自弃，逐渐养成了这些恶劣的品质，因为人的品行基本上是取决于自我认同和自信的。

我们每个人的心目中都有各自为人的标准，我们常常把自己的行为同这个标准进行对照，并据此去指导自己的行动。所以，若想要使某个人变好，应该对他少加斥责，要帮助他提高自信心逐渐修正他心目中的做人标准。如果我们想进行自我改造，进行某方面的修养，就应首先改变对自己的看法。不然，我们自我改造的全部努力便会落空。对于人思想的改造，只能影响其内心世界，外因只有通过内因才能起作用。这是人类心理的一条基本规律。

对真善美的自信，于我们极为重要。我们总是本能地竭力保持这种从自我认同中所形成的形象。我们也接受别人的批评，但我们接受的只是那些善意的和那些我们认为对自己信任和爱护的人的批评。若是有人伤害我们的自尊心，即以己之见贬低我们，训斥我们，谩骂我们时，我们便愤然而起，进行反击。我们的心理自发地护卫着自己，护卫着我们的自信心。假若有人削弱了我们的自信心，那我们也许真的就会堕落，我们追求真善美的意志就会衰退。

一个人若是真有性格，就会有信心，就会有勇气坚定不移一往无前。大音乐家瓦格纳当年曾遭到同时代人的批评攻击，但他对自己的作品很有信心，最后终于感动了世人。黄热病曾流传许多世纪，因此病而死亡的人不计其数。但是一小队医药研究人员相信可以征服它，他们在古巴埋头研究，终告胜利。达尔文在英国的一个小园中工作 20 年，有时成功，有时失败，但他锲而不舍坚持不懈，因为他自信已经找到线索，结果终得成功。

由此可见，信心的力量是惊人的，它能跨越恶劣的逆境，创造圆满结局。充满自信心的人永远不会被击倒，他们会成为人生道路上的胜利者。


## 逆境是成长的沃土


有一些人在生活中似乎从未成功过。在他们看来，从来没有人关心过他们；问题、冲突和困难似乎总是压得他们喘不过气来，每做一件事情，他们想到的就是各种各样的失败因素。他们总是觉得自己不行，不如别人，无法接受生活的挑战。他们老是觉得自己处处"不走运"，是生活中的牺牲品。

一遇到困难，他们只会唉声叹气："我总是这么倒霉的。""瞧，我早知道事情会是这个样子。""我无论做什么都不会成功。""为什么生活总是和我作对？"他们往往不愿意再做进一步努力去解决困难和问题，而认为："这有什么用呢？结果肯定还是一样。"

他们遇事常常缺乏活力、激情和动力，一味寻找放弃的借口。他们经历了太多的挫折和失败，所以便形成了一种灰色的生活态度，视生活为自己的敌人，认为自己生来就注定会被阻挠和击垮。

与自暴自弃的宿命论者相反的是满怀希望的积极进取者。这种人身上的每一个细胞都散发着乐观的气息和充沛的活力。他们希望每一件事情都能如他们所愿，自然而然地取得一个完满的结果。一旦出现了困难或冲突，他们只是将其视作需要自己处理的一个问题——一个学习和成长的机会，并更加努力地去继续争取实现自己理想的目标。他们自我感觉精力充沛、目标明确、充满活力而且生气勃勃！他们憧憬未来、热爱生活，将生活视为自己的朋友，认为这个朋友会始终带着爱心、理解和关怀去满足他们的种种需求。他们深知并热爱生活的目标，他们意识到生活具有一种不断进步和发展的自然倾向，并懂得与这种自然倾向相统一。此外，他们懂得人类最强烈的本能是自我保护和延续生命，他们深信这些想法和信念就代表了最基本的真理。无论在哪一方面，他们都与不断向上的生命动力保持一致。

对那些满怀希望、积极向上的人而言，逆境算不了什么。他们只将其视为生活和工作中"需要处理的一个问题"。他们充满信心地去克服它，他们坚信而且深知每一件事情都会给他们带来一些成长。因为他们寻找并期待成功，所以他们往往能够找到成功。他们对成功和收获抱有坚定的理想，并始终把对成功的憧憬和期待深藏在心底。正因为有了这种宏伟的憧憬和期待，他们才会在生活中努力实现他们的理想。

他们并不胡思乱想或做白日梦。实际上，他们之所以能够创造成功，是因为他们坚信他们内心对理想的憧憬和期待并非空想，而是一种创造力，而这种创造力必然会使理想化为现实。他们严格规定自己的所思所想必须是最美的、最崇高的内容（包括感情、意象和理想）他们已经目睹了别人取得的成就、进步和收获，而且他们知道自己具有和别人一样的生命力，所以他们相信自己也能成功。他们清楚地认识到成功并不仅仅属于上天指派的少数几个人；他们知道只要他们在思想上树立起不断进步、不断发展的生活目标，并把这种追求化为实践，那么成功就是他们应得的回报。

## 面对逆境，不要"破罐子破摔"

30 多年前，某国沿海港区发生了一件惊天动地的案件。一天晚上，某水警部队一艘登陆艇奉命停泊在一个海湾。登陆艇上当时共有 15 人。出发的前一天，军官开会批评了一位违反纪律的士兵，那名士兵从不服气转而感到前途渺茫，越想越抵触，于是他仇恨整条船的官兵。白天航行时他沉默不语，脸色变得极为苍白，大家都认为他挨了批评，年轻人脸上挂不住，心里有些难受罢了。他白天没说一句话，也没有特别对抗的行动，分配他做的事，他也默默去做了。那个夜晚船泊在海湾，天空黑黑的，只有海水泛着银色的白光。下半夜，士兵们都睡着了，整条艇上唯有一个电报值班员在机要室值班。这时候，士兵大统舱里的一个幽灵行动了，他把住舱门，端起冲锋枪向他的战友们扫射，然后他到了军官舱，到报务房去继续杀戮。在他以为这艇上已没有第二条活着的性命后，便跑到机舱里引火自焚。在这起恶性凶杀案中，有 12 位年轻的官兵被这个丧失理性的凶手枪杀了。

一些自尊心过于强烈的人，在其自尊心不能满足时，就会出现强烈的自毁行动——"破罐子破摔"。这类破罐子破摔是一种自毁行为，因为这种行为的出现，是以他从前的一切进步、荣誉作为殉葬品的。这种人过分夸大了个人的委屈。他们把很小的一点污点夸大为人生的奇耻大辱，把别人的一次批评看成是再也不能上进的判决书，把可能收到的一点处分看作是已走上了绝境。这是受到刺激后失去理智的思考，是极不慎重的。

人在成长的过程中建立了自尊意识，作为保护自己人格的盔甲。通过客观和主观的影响、观察，人们逐渐认识社会、认识自我，减少了盲从性。这是人类思维的一个进步。主观能动性是人区别于其他动物的根本标志，它是人类成熟的表现，人类文明的进步。然而，自尊也往往成为人进步的绊脚石。人类最大的缺点是自私和偏见，而这些缺陷，又多源于自尊。当一个人的自尊心受到挫伤后，他就可能横下心来，失去自我控制能为，恣意做自己的事，盲目地发泄怒气。所谓"破罐子破摔"就是一味随愿望去做，为所欲为，而不考虑这愿望是否合理，这欲望是否合乎逻辑。

既然你能舍得下力气摔罐子，那为什么不能将这力气、决心转化为修补破罐子上来呢？下决心从零做起，从现在做起，改变目前的一切。从哪跌倒就应从那里爬起来，总结经验教训，重打锣鼓另开张。

## 在逆境中找到目标

人生海洋中，大部分的船是无舵船。他们漫无目的地漂泊，任风浪摆布，随海潮漂流，最终只能搁浅。只有小部分的人，有明确方向和最佳航线，又学习了航海技术，到达梦想的彼岸。

爱迪生是著名的科学家、发明家，他的全部发明多得叫人简直难以相信。1928 年，美国国会颁发给他一枚金质奖章，他的发明对人类的贡献约值 56 亿美元。

爱迪生受过的全部学校教育总共只有三个月的时间，在校期间，他的老师曾说他是一个只会做白日梦的少年，断言他的一生绝不会有什么成就。

然而——爱迪生成功了，他的秘密在哪里？

其中之一是，他具有设定目标的能力和追求目标的热情。一旦设定一个目标之后，他便让自己的生活去配合那个目标，使它成为他的生命。因此，他把生命献给自己心中的目标，并从目标获得生命。

他竭尽全力去阅读跟他的计划有关的书——读了一本又一本。

接着他不分昼夜地工作，往往在清晨8点钟进入实验室，不到次日凌晨两三点钟不肯罢手。他的注意力总是十分敏锐准确，连一个动作也不会浪费。他从事过数以百计的实验工作，不断地选取和抛弃实验模型，忍受不可避免的失败，但他仍矢志不渝地勇往直前，不达目标绝不罢休。

爱迪生有明确的目标，并且是经过审慎的选择。他对自己的目标十分专注并倾以全部热情，加上丰富的想象和智慧，他成为人类历史上最伟大的发明家之一。

维克多·弗兰克尔用事实最贴切地说明了"人不能没有目标地活着"的道理。

第二次世界大战期间，精神医科专家弗兰克尔不幸被俘，后来被投入了纳粹集中营。三年中他所经历的极其可怕的集中营生活，使他悟出了一个道理——人是为寻求意义而活着。他与他的伙伴们被剥夺了一切——家庭、职业、财产、衣服、健康，甚至人格。他不断地观察着丧失了一切的人们，同时思索着"人活着的目的"这个"老生常谈"的最透彻的意义。他曾几次险遭毒气和其他惨杀，然而他仍然不懈地客观地观察着、研究着集中营的看守与囚徒双方的行为。据此他著写《夜与雾》一书。

可以说，弗兰克尔极其真实、有力、生动的论据和论点，对于世界上一切研究人的行为的权威学者来说，都是极有价值的。他的理论是在长期的客观观察中产生的，他观察的对象是那些每日每时都可能面临死亡，即所谓失去生活的人们。在亲身体验的囚徒生活中，他还发觉了弗洛伊德的错误，并且反驳了他。

弗洛伊德说："人只有在健康的时候，态度和行为才千差万别。而当人们争夺食物的时候，他们就露出了动物的本能，所以行为变得几乎无以区别。"而弗兰克尔却说："在集中营中我所见到的人，却完全与之相反。虽然所有的囚徒被抛入完全相同的环境中，有的人却消沉颓废下去，有的人如同圣人一般越站越高。"他还从实际中悟到，"当一个人确信自己存在的价值时，什么样的饥饿和拷打都能忍受。"他们顽强地活下来的原因就是因为他们心里埋着明确的目的——"要做的事情还没有做完"；期待着和"活着与爱着的人重逢"。而那些没有目的活着的人，都早早地毫无抵抗地死掉了。

在那充满死亡意味的集中营里，弗兰克尔的一位好友曾对他说："我对人生没有什么期待了。"弗兰克尔否定了这位朋友的悲观人生态度，他鼓励说："不是你向人生期待什么，是生命期待着你！什么是生命？它对每个人来说，是一种追求，是对自己生命的贡献。当然，怎样做才能有贡献？自己的追求是什么？每个人都不一样。而怎么回答这些问题是我们每个人自己的事情。"

人生的目标——应战的擂台，这是能给你摆脱逆境和斗争力量的特效药。

"有生命的地方就有希望。"

"有希望的地方就有梦想。"

"有了清楚的梦想，加上反复地充实与描画，梦想就能变成目标。"目标经过细致认真的研究，对胜者来说，就可看成行动的计划。胜者认为，当目标完全融于自己的人生时，目标的达成就只剩下时间问题了。

你为自己的人生设立了什么目标呢？

在设定目标时，你需要注意四点事项。

（1）写下你的目标。当你书写时，你的思维活动会自然而然地使目标在你的记忆中产生一种不可磨灭的印象。

（2）给你自己确定时限，安排达到目标的时间。这一点的重要性在于激励你不断地向目标迈进。

（3）把你的目标定的高一些。达到目标的难易程度与你付出努力之间似乎有着直接的关系。一般说来，你把自己的主要目标订得愈高，你为达到这个目标所付出的努力也就愈大。

（4）胸怀壮志。树立人生更高的目标，不断地向自己提出更高的要求。因为很明显的事实是：更高的目标将激励人们发扬更高昂的战斗精神。

## 从逆境中转败为胜

"幸运固然令人羡慕，但战胜逆境则令人敬佩。"无数的事实证明，人之所以能成功，往往都是在对逆境的征服中出现的。

挫折是人生的一种历练，没有人会不劳而获，在闯荡的过程中，你要付出汗水，还要勇敢面对挫折与失败。

当失败来临时，有的人就无法爬起来了，他只会躺在地上骂个没完，或者会跪在地上，准备伺机逃跑，以免再次受到打击。但是，会闯的人却大不相同。他被打倒时，会立即反弹起来，同时会汲取这个宝贵的经验教训，继续往前冲刺。

几年前，教授把毕业班的一个学生的成绩打了个不及格，这件事对那个学生打击很大。因为他早已做好毕业后的各种计划，现在不得不取消，真的很难堪。他只有两条路可走：第一是重修，下年度毕业时才能拿到学位。第二是不要学位，一走了之。在知道自己不及格时，他非常失望，并找这位教授要求通融一下。在知道不能更改后，他向教授大发脾气。这位教授等待他平静下来后，对他说："你说的大部分都很对，确实有许多知名人物几乎不知道这一科的内容。你将来很可能不用这门知识就获得成功，你也可能一辈子都用不到这门课程里的知识，但是你对这门课的态度却对你大有影响。"

"你是什么意思？"这个学生问道。教授回答说："我能不能给你一个建议呢？我知道你相当失望，我了解你的感觉，我也不会怪你。但是请你用积极的态度来面对这件事吧。这一课非常非常重要，如果不由衷地培养积极的心态，根本做不成任何事情。请你记住这个教训，5年以后就会知道，它是使你收获最大的一个教训。"后来这个学生又重修了这门功课，而且成绩非常优异。不久，他特地向这位教授致谢，并非常感激那场争论。"这次不及格真的使我受益无穷。"他说，"看起来可能有点奇怪，我甚至庆幸那次没有通过。因为我经历了挫折，并尝到了成功的滋味。"

我们都可以化失败为胜利。从挫折中吸取教训，好好利用，就可以对失败泰然处之。千万不要把失败的责任推给你的命运，要仔细研究失败的实例。如果你失败了，那么继续学习吧！这可能是你的修养或火候还不够好的缘故。世界上有无数人，一辈子浑浑噩噩，碌碌无为，他们对自己的平庸总会有这样或那样的解释，这些人仍然像小孩那样幼稚与不成熟；他们只想得到别人的同情，简直没有一点主见。由于他们一直想不通这一点，才一直找不到使他们变得更伟大、更坚强的机会。这也正是成功人士与失败者的最大区别。

懂得人生的人往往不喜欢碌碌无为的生活，而多半有胆量去尝试一些困难的、冒险的但却充满生气而有意义的生活。因为他们知道，只有克服了困难，穿过了险境，他们才会尝到人生的真味，才会懂得人生的苦是怎样的苦法，乐又是怎样的乐法，而他们最大的收获往往是通向成功的彼岸。

在我们一生中都会遇到很多或大或小的挫折，这一点谁都无法避免。在挫折面前，我们不要被吓倒，应该直面挫折，把它当作是成功对我们的考验，坚强地继续走下去，那么，挫折就会成为一笔可贵的财富，成为你成功的基石。

## 逆境是人生的一堂课

有人面对不幸会越来越不幸，而有人面对不幸却会越来越好，是什么原因呢？其实很简单，越来越好的人，他们面对不幸时，会以良好的心态坚守这些不幸，他们能在这些不幸中为自己打气，给自己信心，直到迎来新的人生局面。

赵一龙刚出生时，就双目失明。医生给出的结论是：他患的是双眼先天白内障。赵一龙的父亲望着医生，不相信他的话。"难道就真的没有办法可以改变了吗？手术也无济于事了吗？"医生只是一味地摇头。

赵一龙看不见东西，但是他的父母给他的爱和信心，使他的生活过得很丰富。作为一个小孩子，他还不知道他所失去的东西，对于一个人来说是多么的重要。

在赵一龙8岁的时候，发生了他所不能理解的一件事。一天下午，他正在同另一个孩子玩耍。那个孩子忘了赵一龙是一个盲人，他抛了一个球给他："当心啊，那球过来了，别让它打到你。"这个球没有转变方向，一下就打在了赵一龙的身上，也是从那一次开始，这样的事就再也没有发生在他的身上了。这件事使得赵一龙非常困惑。后来他问母亲："我的小伙伴们，为什么知道将要发生在我身上的事情，他们总是能提醒我，而我却不能。"在这种情况下，母亲只能把事实告诉他。

"一龙，坐下。"母亲温柔地说道，同时伸手过去抓住他的手。"我不可能向你解释清楚，你也不可能理解清楚，但是让我努力用这样的方法来向你解释你所说的问题。"首先，母亲向赵一龙解释了什么是五觉，听觉、触觉、嗅觉、味觉、视觉。然后对赵一龙说："你只有其中的四觉，你缺少了五觉当中的视觉，所以你不能和小伙伴一样。虽然你不能真正地运用你的视觉，但是，你应该有能力去运用它。现在我要给你一样东西，你站起来。"

赵一龙站起来了，他的母亲拾起他的球说道："现在伸出你的手，就像你将抓住这个球。"赵一龙伸出了他的一双手，一会儿手接触到了球，他就把手指合拢，抓住了球。"好，"母亲接着说道，"我要你绝不忘记你刚才所做的事，一龙，你能用四个而不是五个手指去抓住球，如果你由那里入门，并不断努力，你也能用四种感觉抓住美好而幸福的生活。"

赵一龙绝不会忘记用四个手指代替五个手指的话。这对他来说意味着希望。每当他由于生理的障碍而感到沮丧的时候，他就用这句话来激励自己。他发觉母亲是对的。如果他能应用他所有的四种感觉，他确实能抓住完美的人生。

确实如此，在我们的生活中这样那样的缺陷很多，但是，只要我们有信心，有希望，就能减少事情的难度，找到自己的幸福。

海伦·凯勒是位全世界都知道的盲人成大事者，她是如何站在信念的天平上的呢？换句话说，当她生理上和生存上开始面临不幸的时候，她是如何成大事的呢？

海伦刚出生时，是个正常的婴儿，能看、能听，也会牙牙学语。可是，一场疾病使她失去了视觉和听觉——那时她才 19 个月大。

但是海伦凭着她那坚强的信念，终于战胜自己，体现了自身的价值。

所以，只有自信心极强的人才能坚持自己的看法而无视权威的地位。热爱自己的生命就是要相信自己生命的价值，既不过分地抬高自己，也不暗自贬低自己，而是让自己的价值闪闪发光。

## 逆水行舟，不进则退

生活中，很多人在做事情的时候缺乏定力和耐力，持之以恒更是做不到。在他们的眼里，坚持也未必能够成功。因此，常常很轻易地放弃。麦当劳王国的缔造者克罗克曾经说过一句非常经典的话："世界上没有什么东西能够取代持之以恒。才干不行，有才干的人不能获得成功的事情我们已经司空见惯；天赋不行，没有回报的天赋只能成为笑柄；教育不行，世界上到处都有受过教育却被社会抛弃的人。只有恒心和果敢才是全能的。"

"持之以恒"说起来很容易，但是要真正做到，却不是一件容易的事。即便是一件小事，要做到持之以恒，也需要毅力。

很多人都曾经向苏格拉底请教，要成为一个拥有博大精深的学问和智慧的人该怎么做。苏格拉底告诉他们："做这样的人也很简单，你们先回去每天做 100 个俯卧撑，一个月以后再来这里找我吧。"

人们听了，禁不住笑了：这么简单的事情，谁不会啊？然而一个月过去的时候，重新去找苏格拉底的人却少了一半。苏格拉底看了看剩下的一半人说："好，再坚持一个月吧。"结果，又一个月过去之后，回来的人已经不到五分之一了。

一个简单的俯卧撑，有人连一个月都无法坚持，更何况是其他更难的事情。要做到持之以恒谈何容易。因此，心态浮躁的人需要有意识地培养自己的定力和耐力，克服自己浮躁的弱点。

很多时候，浮躁也是一种长期养成的习惯，要改掉并不容易，但也不是不可能。只要敢于坚持，善于坚持，持之以恒地努力，那么，奇迹就一定会发生的。

改变浮躁的心态，不妨从自己身边的小事做起，有意识地培养自己的定力和耐力。天长日久你就会发现，坚持能够给你带来意想不到的收获。

李平是一个特别没有耐性的孩子，无论做什么事情都是三分钟的热情。

父亲决定帮助他改变这个问题。有一天，父亲把李平叫到身边，给了他一块木板和一把小刀，对他说："从现在开始，你每天在这块木板上刻一刀，记住，只准刻一刀。"李平觉得这是一个很好玩的游戏。于是，每天早上起来他的第一件事，就是用小刀在木板上刻一道划痕。

然而，他只坚持了一个星期。第二个星期，李平就觉得不耐烦了，他问父亲："为什么不让我多刻几刀呢？我不明白您让我每天在木板上刻一刀是什么用意。"父亲并没有直接回答他的问题，只是微笑着说："过几天你就知道了。"见父亲不告诉自己答案，且还一脸神秘的表情，李平也无可奈何。于是，他照着父亲的话继续坚持刻下去。

这一天，李平和往常一样用刀在木板上刻了下去。奇迹发生了：木板居然被自己切成了两块。李平觉得惊讶极了，这么厚重的木板竟然被自己薄薄的小刀切断了，这简直不可思议。

这时，父亲走过来对他说："你看，只要你坚持，成功是不是很简单呢？每天坚持一点点，你就会达成自己的梦想。"

经过这个神奇的游戏后，李平相信了持之以恒的力量，在学习中，每当遇到难题，他也会借助这个神奇的力量来帮助自己。结果他发现没有什么是不可征服的。

心态浮躁的人常常缺乏定力，做事情三心二意，不能够善始善终。当困难来临的时候，首先想到的不是怎么解决困难，而是逃避。其实，要培养持之以恒的耐力和定力，不妨从成功人士身上吸取力量。但凡历史上那些成就大事业的人，都有一个共同的特点：那就是坚持。只要理想和目标一日没有实现，他们就一日不放弃努力。我们不妨以他们为榜样，从他们身上吸取力量，有意识地锻炼自己坚强持久的意志力。

都江堰是中国历史上著名的水利工程，它是由李冰父子建造的。当年，李冰父子在建造都江堰的时候遇到了重重阻拦，然而，正是因为他们持之以恒，敢于坚持，才有了今天的天府之国。

当时，李冰曾经提议在岷江的江心修筑一个人工岛屿，因为岛尾像一个梭子，故取名为"飞沙堰"，不但能排洪还能灌溉。然而，老太守对李冰的做法并不理解。而且，那些财主们想到"飞沙堰"一旦完工，老百姓的灌溉也不成问题了，那他们的粮食只能烂在粮仓里了。于是，他们筹集了一笔银子送给老太守，说是作为治理岷江之用。在老太守感激的同时，财主们趁机蛊惑，说李冰治理岷江的方案乃是沽名钓誉、劳民伤财。老太守听了怒不可遏，立刻出面阻止李冰的行为。但是，李冰没有退却，继续埋头于工程。

有一年夏天，下了很大的雨，水位迅速上涨。当洪水快要漫过岸边，大家都在惊慌失措的时候，没料想，"飞沙堰"开始泄洪，水位又降了下来。李冰和儿子见飞沙堰确实起了作用，感到非常欣慰。然而财主们却偷偷派人将"飞沙堰"挖开决口，顿时洪水蔓延。人们对李冰的成见更深了。

这一下，李冰不但失去了太守的支持，而且还失去了群众的支持和信任，真的是孤军奋战了。然而李冰父子依然没有放弃。他们继续完善方案，找到泄洪的关键所在，并下令征集劳力开凿伏龙山。这下，顿时民怨沸腾，财主们更是趁机煽动，百姓聚集在太守府要将李冰赶出蜀地。李冰无奈，只好带着儿子亲自开凿伏龙山，同时也设法找出暗中作梗的人以还自己清白，让百姓理解自己的苦心。

最终，李冰父子的执着感动了百姓，老太守这才醒悟过来。后来，当他目睹李冰父子为开凿伏龙山而身受重伤的时候，终于被二人的行为所感动，于是带领众人一起开凿伏龙山。

伏龙山开凿完工的当年，岷江遭遇了史无前例的大洪水，但是岷江周围的百姓却安然无恙。自此，成都平原成了真正的"天府之国"。

信守一份执着，就是信守一份希望。情况越是困难，处境越是艰难，越要有自己的主见，越要坚持前行。相信自己的判断，坚定自己的信念，坚持自己的理想。不论什么时候都不能失去希望，相信只要坚持，就一定能取得成功。

## 想成功，就不要刚愎自用

应该说没有一点"资格""本领"是不可能拥有刚愎自用这个"称号"的。这类人，有一定的能耐，在自己的工作、事业上还做出过一定的成绩，因而自信到了极点，自大自傲，自我感觉一直良好，达到了自我陶醉，不可一世的地步。有的刚愎自用的人还是典型的自我崇拜狂，看他人是"一览众山小"，自己什么都是对的，别人统统都是错的，这类人个性孤傲，对人冷若冰霜。尽管他没有跑到大街上宣布："上帝已经死了，我就是上帝"，但是，他的所作所为却是在无声地宣布自己就是上帝。

刚愎自用的人都是顽固、守旧、偏执。对于某种理念，过于专注，他认准了的事，就坚持到底，死不回头，一个直认为自己是在坚持原则，坚持真理。实际上他们认的却是死理儿，却是过了时的土教条，一点灵活性都没有。这类人面对世界的发展进步，总觉得是不可思议或是在瞎胡搞；自己的这种想法，明明是与时代潮流相违背，却反过来认为是时代在倒退。这类人对新事物、新人物、新现象、新趋势一百个看不惯。有时，他们的言行比保守派还保守，比顽固派还顽固。

刚愎自用的人自尊心超强，一点都冒犯不得，谁若是当面顶撞了他，尤其是在大庭广众之中顶撞了他，他就会火冒三丈，认为这是故意和他过不去，故意让他下不了台，是故意在寻衅，从此，他就会记在心上，这个"伤口"就很难愈合，往往是一辈子都难以忘掉，以后一有机会就会进行打击报复。

刚愎自用的人大多是从来不认错的人。这种人对自己的眼光和能力从来都不怀疑，有时明明是自己错了，却就是不承认；明明是自己将事物搞得很糟，但就是不认账；明明是自己的指导思想出了问题，却偏偏说是他人将他的思想理解错了……总之，错误变成了真理，成绩永远是自己的，错误永远是他人的。这类刚愎自用者不肯悔改，又不听他人的劝告，往往会使他们在错误的道上越走越远，其结果就会与自己原来美好的奋斗目标南辕北辙。

刚愎自用的人一般都是好大喜功的人。这类人喜欢自我肯定、自我表彰，做了一点点有益的事，就沾沾自喜，到处表功，唯恐他人不知道。这类人也只喜欢听好话，听吹捧的话，不喜欢听不同的意见，更不喜欢听反对的话，因而他的周围很容易聚集一些献媚于他的小人，这些小人会投其所好，在他的面前搬弄是非，结果呢，这类有权势的刚愎自用者离"正派忠良"就会越来越远。

刚愎自用是一种非常可怕的坏毛病。它可以使人越来越不知道天高地厚，离真理越来越远，离逆境越来越近。那么，怎么纠正或消除刚愎自用这一坏毛病呢？

一是要谦虚谨慎，虚荣心不要太强，应尽量听取别人的意见。心太满，就什么东西都装不进来；心不满，才能有足够装填的空间。古人说得好："满招损，谦受益。"做人应该虚怀若谷，让胸怀像山谷那样空阔深广，这样就能吸收无尽的知识，容纳各种有益的意见，从而使自己充实丰富起来。

二是不要轻易否定别人的意见。要理解别人，体贴别人，这样就能少一分盲目和偏执。要善于发现别人见解的独到性，只有这样才能多角度、多方位、多层次地观察问题，这是一个现代人必须具备的素质。无论如何，不能一听到不同意见就勃然大怒，更不能利用权势将他人的意见压下去、顶回去。这样做是缺乏理智的表现，是无能的反应，只能是有百害而无一益。

三是要有平等、民主的精神。而这种精神形成的前提条件是有一种宽容的心态。只有互相宽容，才能做到彼此之间的平等和民主。学会宽容，就必须学会尊重别人。尊重领导，人们一般都容易做到，而尊重比自己"低得多"的人，尊重普通人，尊重被自己领导的人，却很难做到，尊重（民主）就必须从这一点开始，什么叫尊重？就是认真地听，认真地分析，对的要吸收，并要在行动上改正，即便是不对的，也要耐心听，耐心地解释，做到不狭隘、不尖刻、不势利、不嫉妒，从而将自己推到一个新的思想修养高度。

四是要树立正确的思想方法。一个人为什么会刚愎自用？重要原因之一，就在于他的思想方法成了问题，经常是一孔之见还要沾沾自喜，经常是一叶障目还要自得其乐。这类人不懂天外有天，不懂世界的广阔，因而夜郎自大，所以必须在思想方法上来一个彻底的脱胎换骨。

五是要多做调查研究。刚愎自用者的最大毛病就是自以为是，就是想当然，明明是脱离实践的，却还硬要坚持下去。为什么？就是因为他们书本知识太多，实践知识太少。所以建议这类人要多多深入实践，进行实地的调查研究，这样就很容易避免刚愎自用的产生。

总之，一个刚愎自用的人若不能克服这种坏毛病，那么，他终有一天会碰得头破血流，饱尝逆境的滋味。

## 成为逆境的主导者

顺境固然好，它可以让你毫不费力地到达自己理想的彼岸，但如果一个人处于逆境之中怎么办？其实，只要坚定信念不断前行，我们就能到达目的地。正如大多数成功者所坚信的那样："我知道我不是逆境的牺牲者，而是它们的主人。"

克莱恩是古希腊的一个奴隶。在他生活的那个时代，奴隶只是主人的一种劳动工具，法律规定，除了自由人之外，像他这样的人不准从事和追求艺术，否则就要被宣判死刑。然而作为奴隶的克莱恩却没有被这不公正的法律所吓倒，他以狂热的心态执着追求崇拜着艺术和神圣的美，并决心要让自己的雕塑作品在某一天得到伟大的雕塑大师菲迪亚斯的肯定。于是在深爱他的姐姐的帮助下，他把自己的工作放在了屋子里的地下室进行。姐姐为他准备了两盏油灯和足够的食物。

地窖里阴暗、潮湿、缺乏氧气，但是为了自己心中的艺术，克莱恩什么样的困难都能克服。

时隔不久，所有的希腊人都被邀请到雅典参观一个艺术品的展览。这次展览在当地的大市场上举行，由雅典国王伯利克里亲自主持。在他的旁边，站着他所宠爱的阿斯帕齐娅以及雕刻家菲迪亚斯、哲学家苏格拉底、悲剧诗人索福克勒斯以及其他许许多多的知名人士。

　　几乎所有伟大的艺术巨匠的作品都被陈列于此。但是，在琳琅满目、美不胜收和艺术珍品中，有一组作品显得出类拔萃、卓尔不群——它们是那么的精美绝伦，仿佛就是阿波罗本人凿刻出来的。这组作品成了人们瞩目的中心，所有人都在其摄人魂魄的艺术美之前心旷神怡、赞叹不已，就连那些参与竞争的艺术家们也一个个心悦诚服地甘拜下风。

　　"谁是这组作品的雕刻者？"没有人知道答案。传令官重复了这个问题，人群中还是寂静无声。"那么，这就是一个谜！难道它们会是一个奴隶的作品吗？"

　　人群中突然出现了一阵很大的骚动，一个清纯美丽的少女衣裳凌乱，头发蓬松，双唇紧闭，大大的眸子里充满坚毅的神色，被拖到了大市场里。"这个女人，"当地的行政官声嘶力竭地喊道，"就是这个女人知道雕刻者的底细。我们确信这一点，但是她死活都不肯说出雕刻者的名字。"

　　姐姐克莉恩受到了严厉的盘问，但是，她的回答只是沉默。她被告知了自己的行为应当受到的惩罚，然而，这位勇敢的姑娘还是默不作声。"那么，"伯利克里说道，"法律是神圣不可违背的，而我恰恰是负责执法的大臣。把这位姑娘关到地牢里去。"

　　当他做出这番宣判的时候，一个长着一头飞扬长发的年轻人气喘吁吁地冲到了他的面前。这个年轻人尽管身材消瘦，满脸憔悴，但那黑黑的眼睛却闪烁着耀眼光芒，就如夜空中的两颗明星一样。他高声地央求道："噢，伯利克里，请饶恕和赦免那个女孩吧！她是我的姐姐，我才是真正的罪魁祸首。那组雕塑出自我的双手，出自我这个奴隶的双手。"

　　愤怒的人群打断了他的话，人们群情激昂地喊道："把他关到地牢里去，把这个奴隶关到地牢里去。"

但伯利克里站了起来，威严地说道："只要我活着，就不允许这种事情发生！看一看那组雕塑吧！阿波罗以他的名义告诉我们，在希腊有某些东西要比一部不正义的法律更为重要。法律的最高目的应该是发展美的事物，扶植美的事物。如果说雅典会永远活在人们的记忆中，会名垂史册的话，那是因为她对艺术做出了巨大贡献，是这种贡献使得她永远不朽。不要把那个年轻人关到地牢里去，让他站到我的身边来。"

就这样，当着会场上成千上万的公众的面，阿斯帕齐娅把拿在自己手中的用橄榄枝编成的花冠戴在了克莱恩的头上。与此同时，在人群如雷般的掌声和喝彩声中，她温柔地吻了克莱恩深情挚爱的姐姐。

生活中的困难都是有"奴性"的，如果我们凭自己的努力战胜了它，我们便成为它的主人，否则我们将永远是它的奴隶。

在一次记者招待会上，一名记者问美国副总统威尔逊，贫穷是什么滋味时，这位副总统向我们讲述了一段他自己的故事。

"我在 10 岁时就离开了家，当了 11 年的学徒工，每年可以接受一个月的学校教育，最后，在 11 年的艰辛工作之后，我得到了 1 头牛和 6 只绵羊作为报酬。我把它们换成了 84 美元。从出生一直到 21 岁那年为止，我从来没有在娱乐上花过 1 美分，每个美分都是经过精心算计的。我完全知道拖着疲惫的脚步在漫无尽头的盘山路上行走是什么样的痛苦感觉，我不得不请求我的同伴们丢下我先走……在我 21 岁生日之后的第一个月，我带着一队人马进入了人迹罕至的大森林，去采伐那里的大圆木。每天，我都是在天际的第一抹曙光出现之前起床，然后就一直辛勤地工作到天黑后星星探出头来为止。在一个月夜以继日的辛苦劳动之后，我获得了 6 美元的报酬，当时在我看来这可真是一个大数目啊！每个美元在我眼里都跟今天晚上那又大又圆、银光四溢的月亮一样。"

在这样的穷途困境中，威尔逊先生下决心，不让任何一个发展自己、提升自我的机会溜走。很少有人能像他一样深刻地理解闲暇时光的价值。他像抓住黄金一样紧紧地抓住了零星的时间，不让一分一秒无所作为地从指缝间流走。

在他 21 岁之前，他已经设法读了 1000 本好书——想一想看，对一个农场里长大的孩子，这是多么艰巨的任务啊！

要想真正战胜逆境，就必须对自己说"我知道我不是逆境的牺牲者，而是它们的主人。"

## 想成功，就不要活在幻想中

常常听到一些人哀叹着"要是"：

要是我和 ×× 结婚……

要是我干的不是这行……

要是我学的不是这种专业……

要是我长得漂亮些……

要是我出生在富裕家庭中……

要是我有个好父母……

这些人将自己的平庸都归罪于不可改变的过去，或归罪于不可控制的命运。整天沉浸在梦中，却不知道成功要靠自己——即使是要通过他人的帮助——也需要自己去说服他人。

从上大学时，西尔维亚最大的梦想便是当个电视节目主持人，她出身高贵，由于她具有中上层社会关系和事业上成功的父母而备受青睐。借助家庭的帮助和支持，她完全有实现自己理想的一切机会。

她认为自己有善于与人交谈的能力，容易获得他人的信任和亲近。她常说："要是谁给我一次上电视的机会就好了。"

她的确在这方面有才干。可是，她为这个理想做了些什么呢？没有！她等待着某个人像神仙一样突然出现在她面前，成全她的愿望。她期待自己很快就能取得成功，一下子就能成为一个电视节目的主持人。一位业内人士听了她的想法，感到极为不安，几乎从椅子上跳起来，劝她道："那恰恰不是一条很现实的道路！""你要想得到某个工作，你就必须去主动地做些什么，必须投身到那里面去，必须去获得必要的专业训练和知识背景。""没人会去请一个毫无经验的人担任电视节目主持人那样的明星角色！再说，电视台经理对主动到外面去搜寻天才的主持人可没那么感兴趣，而是人们争先恐后地到电视台去报考或应聘。"

我们再看看辛迪。辛迪和西尔维亚一样，梦想成为一名电视节目主持人。她不像西尔维亚那样有经济保障，她每天都得去工作，晚上去加州大学分校的艺术夜校去学习。毕业后；她到处找工作，跑遍了洛杉矶的每个广播电台和电视台。但每位经理都给了她大致相同的回答："除了在摄像机前有了几年工作经验的人，我们谁都不会雇用。"她并没有因此而气馁，也没有坐等机会，而是走出去寻找机会。几个月中，她仔细翻阅各种有关报刊，终于，她看到这样一则广告：北达科他州一家很小的电视台招聘一名气象预报的女播音员。

辛迪是在加利福尼亚长大的，她讨厌冰天雪地的严寒气候，开始时对自己说："我会冻死在北达科他的！"但她想要得到的是一个与电视台有关的工作，别的就全不在乎了。她抓住这个机会，动身去北达科他州了。

辛迪在那儿干了两年后，有幸在洛杉矶的电视台找到了一个职位。又过了 5 年，她积累了丰富的工作经验并得到提拔，终于得到了她梦想已久的电视节目主持人的工作。

西尔维亚的思想方法和辛迪的观点，真是天上地下，大不相同：十年来西尔维亚始终停留在幻想中，坐等机会，期望着机会忽然降临……然而，时光却已悄然流逝了。而辛迪积极采取行动，首先，她使自己受到专业教育；然后，在北达科他州受到训练；接着在洛杉矶取得更多的工作经验；最后，才如愿以偿地得到了自己十分看重的电视节目主持人工作。

## 面对逆境，不可懒惰成性

纵观古今，还没有听说过有哪一个懒惰成性的人取得过什么成功。只有那些在困难和挫折面前全力拼搏的人，才有可能达到成功的巅峰，才有可能走在时代的最前列。对于那些从来不愿接受新的挑战，不敢正视困难与挫折和不愿去从事艰辛繁重的工作的人来说，他们是永远不可能有太大成就的。

所以，我们应该严格要求自己，不要放任自己无所事事地打发时光；不要让惰性爬出来咬噬我们的斗志，我们要学会调节自己的情绪；不管是处于一种什么样的心境，都要迫使自己去努力工作。

绝大多数的失败者之所以在逆境中苦苦挣扎，是因为他们内心深处滋长出了惰性。他们不肯从事辛苦的工作，不愿付出辛勤的劳动，不愿意做出必要的努力。他们所希望的只是一种安逸的生活，他们陶醉于现有的一切。身体上的懒惰懈怠、精神上的彷徨冷漠，对一切放任自流，总想逃避挑战，去过一劳永逸的生活——长此以往，他们慢慢地变得碌碌无为、一事无成。

一个人在工作上生活上的惰性，最初的症状之一就是他们的理想与抱负在不知不觉中日渐淡漠和萎缩。对于每一个渴望成功的人来说，养成时刻检查自己的抱负，并永远保持高昂的斗志是至关重要的。要知道，一个人如果胸无大志，游戏人生，那是非常危险的。如果你不通过反复的实践来强化自己的能力，不彻底铲除隐藏在心底的惰性，那么，成功就会变得离我们越来越远。

对于任何人来说，不管他现在的处境是多么恶劣，或者是先天条件多么糟糕，只要有耐心和毅力，只要他能够保持高昂的斗志，热情之火不灭，那么他就大有希望。但是，如果他任由惰性蔓延，变得颓废消极，心如死灰，那么，人生的锋芒和锐气也就消失殆尽了。在我们的生活中，最大的挑战就是如何克服自己心底的惰性，持久地保持高昂的斗志，让渴望成功的炽热火焰永远燃烧。

有一则笑话，古时有个懒婆娘，洗衣烧饭一点都不会，整天过着饭来张口，衣来伸手的生活。一天，丈夫要出去办事。他怕自己走后，懒婆娘自己不愿做饭会饿死，所以临走之前特地为他婆娘做了一张烙饼，又担心懒婆娘太懒，连自己动手拿一下都不愿，所以拿了根绳子串起那张烙饼，然后把饼挂在懒婆娘脖子上，只要她张嘴就能咬到烙饼。

过了十多天，丈夫回到家，推门进屋一看，懒婆娘已经饿死了。再看那张烙饼，嘴边附近的地方被咬了几口，其余的地方连动都没动一下。原来懒婆娘懒得连用手转动一下烙饼都不愿干，烙饼就在嘴边却被活活饿死了。

事实上，懒惰会造成畏缩，畏缩会导致进取心及自信心的丧失，终其一生都要在逆境中生活。

## 考虑周全，三思而后行

人对事物的认识总会受时间、空间的局限，而我们面对的是变化的、运动着的世界，因此，我们经常会遇到因考虑不周、鲁莽行动而造成损失的情况，所以，我们遇事要"三思而后行"。要知道，许多矛盾和问题的产生，都是冲动、未经深思熟虑的结果。

冲动情绪往往是由于对事物及其利弊关系缺乏周密思考引起的，在遇到与自己的主观意向发生冲突的事情时，若能先冷静地想一想，不仓促行事，就不会冲动了，事情的结果也就会大不一样了。

当我们在做决定时，常会犯一个老毛病，就是"自不量力"地做一些吃力不讨好，甚至"赔了夫人又折兵"的事情。因此，在做出决定时，首先，应先问问自己做这个决定到底是为什么？有什么目的？如果做此决定会产生何种后果？这样能促使你三思而后行，避免冲动。

其次，要锻炼自制力，尽量做到处变不惊、宽以待人，不要遇到矛盾就以"兵戎相见"，像个"易燃品"。见火就着。倘若你是个"急性子"，更应学会自我控制，遇事时要学会变"热处理"为"冷处理"，考虑过各个选项的利弊得失后再作决定。

第二章

**提高思考能力，冲出逆境**

　　你的思考能力，是你唯一能完全控制的东西，你可以用智慧或是愚蠢的方式运用你的思想，但无论你如何运用它，它都会显示出一定的力量。

——拿破仑·希尔

　　拿破仑·希尔在研究成功学时发现，成功是一种思考的积累，不论何种行业，想达到最高境界，通常都需要漫长的时间和精心的规划，通常都要越过无数的坎坷与困境。

　　事实上，在我们的生活中，有很多不愉快的事只需花很小的力气，就可以有很完美的效果，只是我们都忽略了事前规划这项工作。

　　我们在做事、思考时，最大的盲点在于没有形成逻辑思维的习惯。经常是该做的事没做，不该做的事乱做一通，根本不知什么是轻重缓急。只要养成遇事勤思考的习惯，行动前先行规划，就可以运用事前的"四两"去拨事中的"千斤"，反之，事前的疏忽，事后可能用千斤万两也难以弥补。

## 如何理性思考 4 个核心

　　有理性的思考源自精神的正确使用。对于身处逆境中的人来说，最需要的是能够让头脑做出最大限度的运转，借着正确的判断做出高明的决定。

　　每一位成功者，都具有理性的思考或有条理的思想诀窍，但这并不表示他们讲话的技巧或方式高人一等，而是有更为根本的东西存在，也就是说，他们掌握了理性的思考诀窍。理性的思考源自知识的积累和正确应用，具有这种思维技巧的人，才能让他的大脑最大限度地运转，并得到理想的结果。

一个人若想突破逆境，就必须学会正确的理性思考。

首先，思想有条理的人，必能判断准确，从而做出高明的决定。例如在一个复杂的问题面前，你若能排除无关的事物，直捣问题的核心，你就有可能攻克问题。

其次，一个思想有条理的人，能以简明的方法，促使别人更了解自己。不论是什么样的机遇，一旦需要展现自己才能的时候，他们必能思路清晰、言简意赅地传达给大家，并能很快地付之行动，因此也必然会获得良好的效果。尤其在现代社会的竞争里，能有效地表达自己的思想的人，成功的机会一定更多。

每个人都有可能把自己训练成为一名理性的思考者。虽然学会正确思考的过程是相当复杂的，但它基本上可分成四个阶段。若能仔细研究这些步骤，判断力必能获得相当的改善。拿破仑·希尔所提出的四个理性思考步骤颇值得我们对此进行思考。

### 1. 找出问题核心

开始时必须了解造成逆境的问题所在，否则必定无法深入问题核心。有些人常常在定势思维的老路子上徘徊，做不了决定，原因就是没有找到问题的症结所在。犹如一道简单的数学题，如果不了解题目类型和方法，就无法解题。

一个简单的例子，如果有人因为靴子磨脚，不去找鞋匠而去看医生，这就是不会处理问题，没有找到问题的关键所在。从这里我们就可以理解，为什么去掉枝节、直捣核心是最重要的步骤了。有了问题时，就该想想这个例子，一定要把握住问题的核心。找出问题的核心，并简洁地归纳总结出来，逆境就已解决一大半了。

## 2. 分析全部事实

在了解到真正的问题核心后，就要设法收集相关的资料和信息，然后进行深入的研究和比较。应该有科学家搞科研那样审慎的态度。解决问题必须采用科学的方法，做判断或做决定都必须以事实为基础，同时，从各个角度来分析明辨事理也是必不可少的。

例如，现在有一个简单的问题，为解决这个问题就在备忘录上列出两栏，一栏分别列出每一种解决方案的好处，另一栏列出各种方案的弊端，同时把与解决问题相关的事项全部记入。之后，就可以比较利害得失，作出正确的判断。

一旦有关资料都齐备后，要做出正确的决定就容易多了。收集相关资料数据，对于理性思考的产生是非常重要的。

## 3. 谨慎做出决定

在做完比较和判断之后，很多人往往马上就能做出结论。其实，下结论不必过早，试着把它丢在一边，暂时忘掉。也就是说，在对各项事实做好评估之后，不妨把它交给自己的潜意识去处理，让这位"善于解决问题的老手"，帮助自己做出最后的决定。

或许，新的判断或决定就会浮上心头，等重新面对问题时，答案已出现了。

这时，还是不要立即并准备付诸行动。请冷静一下，现在应该考虑做个检验，由于经验的关系，潜意识所做的判断，还无法做到天衣无缝的地步。

## 4. 小型试验在先

一套思考方案在付诸实施之前，必须先做小型试验，以求从实践中检验出自己思考的正确与否。

不妨先对一两人或两三种情况做试验，这样就能了解想法和事实有无出入。如有不符之处，要立刻修正。

做到这个地步，基本就算妥当了。经过以上的步骤，事实的评价、拟定计划、小型试验等，然后就可导入最后的决定。这样一个经过认真思考、分析做出决定并对其进行检验的过程，就形成了一次有条理的思考过程。

## 专注地思考问题

因为有些人常常懒于思考，或者说没有进行有突破性的思考，这就叫惰性思考。一个要试图突破逆境的人，在这一点上头脑应该非常清醒，拒绝惰性思考。

世上有很多人常常认为自己很缺乏思考能力，这些人到底为什么会讨厌思考呢？

我们讨厌思考、不喜欢做决定的理由之一，就是因为我们必须聚精会神地关注在如何解决问题上。而解决问题就要涉及方方面面的关系和因素，这对一般人来讲，是一件很"累"的事，因为它就像调动千军万马一样复杂。

在做判断时，我们会将眼前的问题全部集中起来，但这却往往是一个阻碍分析判断的绊脚石，其原因是我们的注意力很容易分散，飘移不定。一个人注意力的范围，事实上比我们想象的要小得多。美国心理学家威廉阿姆·杰姆斯对于"注意力"就曾提出如下诠释：

"一般人的注意力并不是自发性的，仅仅能够维持片刻。而真正的注意力是自发性的，且能够持续不断，这是一种反复不停在问题上唤起心灵的连续性努力。"

注意力就好像一只被锁链套住的小狗，很容易为新奇事物所分散。我们要将心思集中在解决问题的核心上相当困难，大多数人在顷刻间便让注意力飞离了问题的核心。

当我们在做判断时，整个心思必须停留在特定的问题上。当然你也必须了解，事实上一个人的心思无法完全做到集中在整个问题上，所以，我们的思考过程经常容易受到外界的影响。

因此，我们在思考某一问题时，应该将相关因素全部写出。

我们应该能全面了解正在进行的事态。我们之所以对自己该决定的问题未能作出决定的理由之一，就是深恐一旦实行了自己所作的决定会惨遭失败。这个恐惧心理正是让我们迟疑不决的重要因素。一旦拿起笔纸，正视事情的存在，我们这种畏惧的心理就会自然消失。当我们消除了畏惧之后，对于自己的决定也就不再存在疑惑了。

现实的恐怖，并不如想象的恐怖来得可怕。面对恐怖，越是了解其真面目，就越不会感觉它的恐怖。

要如何决定才是正确的呢？如果连自己也不知道的话，不妨试着将可以衡量的相关因素全部写出来。以一位准备"跳槽"的先生为例，将各种相关因素全部列出。

· 如果转任新职的话，每年可增加 1 万元的收入。

· 但我在原公司工作 10 年的资历势必牺牲。

· 我的年终奖金恐怕也就没了。

· 新公司的工作环境较好。

· 新公司的工作感觉较辛苦。

· 现在我的工作能力已到了目前薪水的界限。

·我已 40 岁了，并不想去冒很大的风险。

·我不想碰运气。

·我喜欢认真工作的人，对于新公司的人际关系我并不是很了解。

·新公司是成长性更为久远的公司。

将这些必须考虑的因素列出表来，比其他任何方法更能帮助你作出明智的决定。这个技巧的确可以提供给你一个思考和判断的新基础。

只凭着空想而期望正确的思考结果是非常困难的，但只要将解决问题的想法写在纸上，便会很容易集中精神作出正确的思考。

因此，我们应将注意力集中于第一目标上。在第一目标找出之后，应清楚地写在一张明信片大小的纸上，然后把它贴在自己容易看见的地方，譬如洗脸台旁、梳妆台镜子上等，甚至每天在睡觉前或起床后，便面对它大声念一遍。也可利用空闲的时候，来思考如何解决这件事情，并常常想象自己成功时的情景以鼓励自己。

如此持续一段时间之后，相信你会愈来愈感觉到自己正在走向目标的途中。但必须注意，这种方法肯定需要经过一段时间后才会显出它的效果和成绩，如果只做一两天，是不可能收到效果的。此外，必须以积极的态度从事这种强化欲望强度的方法，否则就没有意义了，而且任何一丝消极的意念都有可能前功尽弃。若想经常维护强烈的欲望，信心是不可或缺的灵丹妙药。但话又说回来了，灵丹妙药服下之后，也还是需要一段时间才能看到效果。

经过一段时间之后，通过你的思考，卡片上的文字逐渐产生了变化——原本困难的问题已经转变成清晰的解决问题的思路，这便奠定了你冲破人生逆境的基础。

## 时刻保持清醒的头脑

究竟怎样才能有效地发挥自己的强项并冲破人生逆境呢？这就需要你面对各种复杂的问题时，做到头脑清晰，选择正确。

在任何环境、任何情形之下，都要保持一颗清醒的头脑，要保持正确的判断力。在大家失去镇静手足无措时，你仍保持着清醒镇静；在旁人做着可笑的事情时，你仍然保持着正确的判断力，能够这样做的人才是真正的杰出人才。

在很多机构中，常见某位能力平平、业绩也不出众的职员，却担任着重要的职位，他的同事们便感到惊异。但他们不知道，领导在选择重要职位的人选时，并不只是考虑职员的才能，更要考虑到头脑的清晰、性情的敦厚和判断力的准确。他深知，自己企业的稳步发展，全赖于职员的办事镇定和具有良好的判断能力。

一个头脑镇静的人，不会因境地的改变而有所动摇。经济上的损失、事业上的失败、环境的艰难困苦都不能使他失去常态。同样，事业上的繁荣与成功，也不会使他骄傲轻狂。

一个人平稳与镇静的表现是其思想修养和谐发展的结果。一个思想偏激、头脑片面发展的人，即使在某个方面有着特殊的才能，也总不如和谐的思想修养更全面。头脑的片面发展，犹如一棵树的养料全被某一侧枝条吸去，那枝条固然发育得很好，但树的其余部分却萎缩了。

许多才华横溢的人也曾做出种种不可理喻的事情来，这可能是因为其判断力较差，缺乏和谐平稳的思想修养的缘故，而这可能会妨碍他们一生的前程。

一个人一旦有了头脑不清楚、判断力不健全的败名，那么往往一生事业都会没有进展，因为他无法赢得其他人的信任。

如果你想做个能得到他人信任的人，那么你一定要努力做到件件小事都冷静对待，处理得当。有些人做事时，尤其是做一些琐碎的小事时，往往敷衍了事，这样无异于减少他们成为冷静处事人物的可能性。还有些人一旦遇到了困难，往往不加以周密的判断，而是只图方便草率了事，使困难不能得到圆满的解决。

如果你能常常迫使自己去做你认为应该做的事情，而且竭尽全力去做，不受制于自己那贪图安逸的惰性，那么你的品格与判断力，必定会大大地提高。而你自然也会为人们所承认，成为被人们称为"头脑清晰、判断准确"的人。

## 凡事找方法而不是找借口

在工作中，如果我们遇到了难题，应该坚持的原则是：找方法而不是找借口。

一家针织刺绣厂效益相当好，想要进这家工厂的人很多，厂方给前来应聘者设置了不低的"门槛"，特别是招聘时，经常出一些怪题"难为"大家。即使这样，还是有很多人想来这里碰碰运气。

有一年，厂方给应聘者出的题目是："36 小时内折叠 1800 只爱心千纸鹤"。大部分应聘者都见过千纸鹤，有的还动手折过。她们想，这是细活，厂方可能在考验应聘者的耐心和动手能力，因为纺织行业需要这种精神和能力。回去后，女孩子们发现，这几乎是不可能完成的任务。因为，即使不吃饭不睡觉，也很难在如此短的时间内折叠完 1800 只千纸鹤。或许，厂方是在比较谁的手更灵巧麻利、谁折叠得多、谁的质量更好。这样一想，很多应聘者的心态放松下来。

36 小时后，应聘者带着各自的作品接受检验。结果是：少部分人放弃了，极少部分人完成了任务，绝大多数人只完成了 500 到 1000 只。厂方对应聘者进行了面试和询问。有人说：家里出了意外，很难在短时间内安心完成任务。也有人说：这是根本无法完成的工作，任何人都无法做到，除非她又长出第三只手，我已经尽力了。还有人说：我认认真真地叠好每一只纸鹤，做到精益求精就够了，别的也没有多想。而那些完成任务的应聘者做法竟然惊人的相似：她们都找了家人或朋友帮忙。

结果按时完成任务的人被顺利录用了，其余的应聘者全部被淘汰。

厂方的解释是：首先考察的是应聘者的执行力，不能按时完成任务的绝不是合格的员工；其次考察的是应聘者的应变能力，之所以不在现场动手干活，就是想让她们回去动脑子想办法；最后更为重要的是绝对不会招收爱找借口的员工。在有限的执行时间内，执行者没有时间为做不好的事情找借口，任何执行者都应该抓紧时间去完成任务，"不可能"或"没有办法"常常是庸人和懒惰的托词。

每个人都肩负着责任，对工作、对家庭、对亲人、对朋友，我们都有一定的责任，正因为存在这样或那样的责任，才能对自己的行为有所约束。寻找借口就是将应该承担的责任转嫁给别人。从企业来说，每一个员工都是企业的一颗棋子，从你跨进公司的那一刻起，你就具备了这种角色。这种角色就是承担相应的责任，如果你这个岗位上的职责没有履行好，那么你这个角色就是失败的。

遇到困难，仅仅抱怨和找借口是不够的。执行者应该善于改变和调整自己，积极适应外因的变化。面对难以逾越的困难时，执行者更应该想方设法突破问题的缺口，一番努力之后将会柳暗花明。

凡是找借口而从来不采取行动的人，一定是一个失败的人；而凡是找方法并能付诸行动的人，一定是一个成功的人，因为他所遭遇的失败只是暂时的。

当今社会的一些年轻人，当需要他们付出劳动时，他们总会找出很多的借口来安慰自己，总想让自己轻松些、舒服些。这些人总是会说：总有一天我会进入世界一流大学，那时我会好好学习最先进的文化；总有一天我会成为一个出色的工程师，那时，我将开始按照自己的方式生活；总有一天，我会住进豪华的别墅，同可爱的孩子们住在一起，我们全家人一起进行令人兴奋的全球旅行……总是在等待，总是在找借口，却从来不付诸行动。到最后，所有的想法都成了空想。

在日常工作中，你千万不要说任何类似借口的话语。当你想找借口的时候，就已经偏离了自己的成功之路，拐到弯路上去了。

## 如何自我反省

每个人都有他的一套做人的方法。

人的一言一行，一举一动，都受自己的主观思想的影响，都以为自己做的一切都对。

所以，为人处事很重要的一课，是学会如何自我反省，认识自己所做的错误。

只有知错才会有改过的希望。

只有不断修正自己的错误行为，才更会做人。

问题是谁都懂得"发现别人的错"，却不懂得认识自己的错。学做人，要先学会不断地检查自己的行为和检讨自己所做的错事，然后知错就改。

反之，这样做也有应当小心的地方，如果常常"在心里自己认错"，就会形成心理压力，对自己有压抑作用，久而久之，甚至会使自己失去信心，因此，这种方式也要避免。

若想避免这种副作用，我们应该经常在心里自省一些问题。不应该问"这件事我做错了什么？"而应该问"我如何才可以将这件事做得更好？"

应该如何找出自己的行为错失和不会做人之处？编者在此提出四点建议。

第一，即使你做人很成功，办事多能得到预期的收获，仍然可以每隔一段时期检讨一下自己的行为，并想出在哪些方面你可以做得更好。

即使你很成功，相信在心底里仍然知道"许多事我可以做得更好"。这想法极有助于自省。

第二，做一件事而得不到心目中的结果时，应先假定那是因为自己有些地方做得不对，而不是因为"难以控制的外来因素"。一味地归因于客观因素，是不会做人者的通病。

第三，和别人交涉而发觉别人对你态度不好时，应主动想到过错可能在自己（即使过错在别人）。别人讨厌你的时候，应当看看自己的行为有无不会做人之处，不应只怪别人有眼无珠。

第四，万一别人批评你，应当尝试虚心接受这些批评，然后自省如何才能进一步改进。

拒绝善意的批评和忠告不是英雄气概，而是怯于面对现实，使你失去正视错误和进步的机会。

经常用上面四种方法自我检讨，你就会更加懂得做人！

## 吃一堑，长一智

吃一堑，长一智。一败再败，却能从中不断吸取教训、总结经验的人，又怎能不智慧过人呢？

在中国有许多古语都包含了这个道理，如老马识途，正因为老马走过无数的路，经过无数的坎坷，它才能在每次坎坷之上留下心底的记号，下一次再在此经过，它便可以一跃而过，才能识途！

有一个古代故事，在一片深山老林里，有一座"神仙居"位于山顶。一天，有一个年轻人从很远的地方来求见"神仙居"主人，想拜他为师，修得正果。年轻人进了深山老林，走啊走，走了很久。他犯难了，路的前方有三条岔路通向不同的地方。年轻人不知道哪一条山路通向山顶。忽然，年轻人看见路旁边一个老人在睡觉，于是他走上前去，叫醒老人家，询问通向山顶的路。老人睡眼蒙胧地嘟哝了一句"左边"又睡过去了。年轻人便从左边那条小路往山顶走去。走了很久，路的前方突然消失在一片树林中，年轻人只好原路返回。回到三岔路口，那老人家还在睡觉。年轻人又上前问路。老人家舒舒服服地伸了个懒腰，说："左边。"就又不理他了。年轻人正要详问，见老人家扭过头去不理他了。转念一想，也许老人家是从下山角度来讲的"左边"。于是，他又拣了右边那条路往山上走去。走啊走，走了很久，眼前的路又渐渐消失在了树林中。年轻人只好再次原路折回，回到三岔路口，见老人家又睡过去了，不由气涌上来。他上前推了推老人家，把他叫醒，便问道："老人家你一把年纪了何苦来欺我，左边的路我走了，右边的路我也走了，都不能通向山顶，到底哪条路可以去山顶？"老人家笑眯眯地回答："左边的路不通，右边的路不通，那你说哪条路通呢？这么简单的问题还用问吗？"年轻人这时才明白过来，应该走中间那条路。但他总想不明白老人家为什么总说"左边"，带着一肚子的疑惑，年轻人来到了"神仙居"。他虔诚地跪下磕头，主人笑眯眯地看着他，那神态仿佛山下三岔路口那老人家，年轻人使劲揉了揉眼睛……

你肯定猜到了那老人家就是"神仙居"的主人，但这故事里包含着几个人生道理，一是年轻人走完左边的路和右边的路之后，都失败了，无疑应是中间那条路通向山顶，他却还要经老人家指点才明白过来，说明了人经过失败后，他受情绪影响（比如愤怒），连很简单的问题都会不明白了；二是只有当左边和右边的路走不通之后，才知道这两条路都不通山顶，说明凡事要自己亲身去经历才知道可行不可行；三是年轻人在走过右边和左边的路之后，知道走不通他就不会再第二次走那两条路了，说明人不会轻易犯同样的错误，他已经向正确的方向迈进了一步。

别因为失败伤心，也不要为错误负疚。你希望成功，但事与愿违，这并非罪过；如果明知故犯，就罪无可赦了！心理学家认为故意犯错误的人，负疚多于满足。

然而，人非圣贤，孰能无过？只要不是存心做错，偶尔犯错事，是可以原谅，也不必受良心谴责的。无心之过，不但不会受到惩罚，还可以从过错中获得教训，从犯错的经验中，变得聪明起来！

一个人遭受一次挫折或失败，就该接受一次教训，增长一分才智，这就是成语"吃一堑，长一智"的道理之所在。

应该说，人们在工作、生活中遭受的一些挫折和失败是难以完全避免的，虽然"吃堑"终归不是什么好事情，但如果吃了堑，也不长智，就是愚蠢至极了。

古人云："人非圣贤，孰能无过"，对于自己所犯下的过错，如果能够接受批评，并且积极改正，那你距离成功也就不远了。

## 如何行动的三个原则

一个人要想突破逆境，假如方法不当，简直是异想天开。这就是说，找到明确行动的方法至关重要。以下几点将告诉处于逆境中的人如何做到行动正确。

### 1. 凡事讲求效率

拿破仑·希尔认为效率并不表示急速，效率是说第一次就要把事情做对。时间管理的关键之一，就是第一次就把事情做对。

千万不要粗制滥造之后，再回来更改，这样只会欲速则不达。效率的改变，来自自觉。一位心理学家说："自觉是治疗的开始。"这句话实在讲得太精辟了，因为，当你不自觉的时候，谈何改善？当你不知道自己效率差的时候，又如何改进？当你不知道别人为什么效率高的时候，你又如何学习别人的优点呢？

永远要向那些高效率的人学习，因为他们懂得如何利用时间、如何善用资源，我们必须以最短的时间和最少的资源，获取最大的效益，这样才能确保成功。

记住！要每天思考自己做事的效率和做事的质量，这些是突破逆境不可缺少的。

### 2. "循序渐进"的原则

美国著名作家和记者埃里克·赛瓦里德说："当我放弃我的工作而打算写一本 25 万字的书时，我从不让自己过多地考虑整个写作计划将会涉及的繁重劳动和巨大牺牲。我想的只是下一段，而不是下一页，更不是下一章去如何写。在整整 6 个月中，我除了一段一段地开始写作外，没想过其他方法。结果书'自然写成了'。"

"循序渐进"的原则对埃里克·赛瓦里德起了重要作用，对你也会一样。

有关戒烟最好的一种方法就是"小时戒烟"法。一个人不是通过发誓自己再也不吸烟了，而是通过下一小时不吸烟的方法而去除这一不良习惯。一小时到了，吸烟者只要再延续一下，从他刚才决定的有效时限——下一个小时不吸烟。一段时间过后，随着欲望的减弱，规定的时间可延长到两小时甚至一整天。最终，目的就会达到。而想一次完全戒掉烟的人只会因无法忍受心理上的痛苦而失败。

有时候，有些人看上去是一举到达顶峰的。但如果你仔细研究他们的历史和发展过程，你会发现他们已经奠定了许多牢固的基础。那些凭偶然机会发迹的"平步青云"之士只不过是些"草包"，没有任何牢固的基础，他们最终会像轻易地得到荣誉一样，轻易地失去一切。

一幢建筑是由一砖一瓦砌成，而一砖一瓦本身显得并不重要。同样的道理，成功者的一生是由无数个看上去微不足道的小方面构成的。

时刻牢记这样一个问题，用它去评价你做的每一件事情："这有助于我实现自己的目标吗？"如果回答是"不"，立即回头；反之，则要继续向前。

### 3. 只有无所作为者才不会犯错误

那些自己不愿尝试的人，老爱批评讽刺那些不顾恶劣环境而奋发向上的人。

而只有真正勇于尝试的人，他们才知道什么叫热心和热衷，才知道最高成就的胜利。

如果你要突破逆境，你就要不计代价去寻找正确的方法，这样才能实现打造自己的目的。

## 多运用逻辑思维能力

思维是人类所独有的一种精神活动，而逻辑思维几乎是人类才有的智能。它帮我们理清思绪，制定出一天的工作学习计划，帮我们分清轻重缓急，使我们在繁忙的一天当中，能有条不紊地、高效率地做出成绩。

我们对待任何事情，都要讲究方式方法，做到使用得当，使其发挥出更大的作用。思维也是如此，虽然人人都具有，但因每个人运用的方式方法不同，所取得的效果也截然不同。

所以，正确、妥当地运用逻辑思维能力，能透过许多事物的表象洞穿其本质；运用得不当，不但分析、判断不清楚，推理也会背离逻辑，弄得不好，还会搞出令人啼笑皆非的笑话来。

洛阳城里有个非常富有的人，名叫钱思公。此人生性节俭，从不肯轻易多花一文钱。就连对他的几个儿子也是如此，除非逢年过节，否则休想得到一点零花钱。钱思公家里珍藏着一个用珊瑚做成的笔架，笔架雕工精细，小巧玲珑，深得钱思公的喜爱，每天他都要细心地把玩一番，两眼只要一盯上它，就会闪闪放光。突然有一天，他的笔架突然不翼而飞了，他便情绪不宁，坐卧不安。在万般无奈下，他只好咬着牙悬赏1万枚钱寻找。

他的几个宝贝儿子很快就摸准了老爸的脉，哪个缺钱花了，就去偷偷地将笔架藏起来，钱思公一日不见笔架便会六神无主，马上又悬赏1万枚钱，笔架便会被那个儿子找回来，而那1万枚钱自然就落入儿子的腰包。

过一段时间，有哪个儿子手头紧巴了，又会如法炮制一番。

这样的事情，在钱思公家里一年要发生六七次。

这个可怜的钱思公，见只要有赏钱可出，笔架就会失而复得，也从未往深里想。

但这个故事告诉我们，一定要善于利用自己的逻辑思维能力，就像孙悟空有双火眼金睛一样，能够透过各种扑朔迷离的假象；洞悉事物的本质，为自己做出正确的决策提供最为可靠的依据，使成功显得轻而易举。反之，不但一叶障目，满眼迷乱，而且在遭受失败的同时，还会授人以笑柄。

## 莫将简单问题复杂化

人们往往容易把一些极简单的事情复杂化，实际上，很多时候，解决某些问题只需一个简单的意念，一个直觉，并且只要按照自己的直觉去做，就能把自己从思想纠缠中解救出来——看到问题的根本，原来事情就这么简单。

有一个笑话，某国捐赠了两只袋鼠给另一国的一个动物园。为了好好哺育它们并使其繁殖更多的袋鼠，园方咨询了动物专家，然后耗资兴建了一个既舒适又宽敞的围场，同时，园方又筑了一个1米高的篱笆，以免袋鼠跳出去逃走。奇怪的是，第二天早上动物管理员却发现两只袋鼠在围场外吃着青草。刚开始，园方以为是篱笆不够牢固，但是他们围绕着篱笆找了一圈，也没看见有别的出口。后来他们又认为是篱笆的高度不够，所以将篱笆加高了

0.5米，心想这下没问题了。但是，第三天早上又看见袋鼠们在围场外悠闲地吃草。管理员十分纳闷，只好再建议园方将篱笆增高到2米。但让管理员吃惊的是，第四天早上，袋鼠仍旧跑到篱笆外去了。

园方百思不得其解。这时，隔壁围场的长颈鹿忍不住问其中一只袋鼠说："你猜他们明天还会把篱笆加高多少？"

袋鼠笑着回答说："这很难说，如果他们还是忘记关上篱笆门的话！"

世界上许多事原本都很简单，却因为人们复杂的思维模式而变得复杂了。他们和这些复杂问题不断斗争，并且依据各种理论、各种经验用一些他们自己也不明确的方法来解决问题。实际上，解决这些复杂问题的最好方法就是运用简单的思维。

一个农民从洪水中救起了他的妻子，他的孩子却被淹死了。事后，人们议论纷纷。有人说他做得对，因为孩子可以再生一个，妻子却不能死而复活。有人说他做错了，因为妻子可以另娶一个，孩子却没法儿死而复活。

哲学家听说了这个故事，也感到疑惑难决，他便去问农民。农民告诉他，他救人时什么也没想。洪水袭来，妻子在他身边，他抓起妻子就往山坡上游，待返回时，孩子已被洪水冲走了。

假如这个农民将这个先救谁的问题复杂化，事情的结果又会是怎样呢？

洪水袭来了，妻子和孩子都被卷进漩涡，片刻之间就要没命了，而这个农民还在山坡上进行着抉择，救妻子重要呢，还是救孩子重要？也许等不到农民做出选择，洪水就把他的妻儿都冲走了。

人们经常把一件事情看得非常复杂，在做事之前前思后想，再三权衡利弊，结果，等到想好了去做的时候，早已时过境迁，机会也已经没有了。

问题就出在"把一切复杂化"上，这样就有意无意地给自己设置了许多"圈套"，在其中钻来钻去，殊不知解决问题的方法反而在这些"圈套"之外。

把复杂的问题简单化，用简单的思维解决问题，很多时候说起来简单，做起来却不是那么容易，因为简单也是一种智慧，简单也是一种境界。

## 走出人生三种逆境

对于任何一个试图突破人生逆境的人而言，最重要的是他必须重新思考自己，思考人生的"十字路口"，以免盲目行动。这个道理很简单，如同《思考人生》一书中所说："在这个世界上，每个人都会面临各种各样的十字路口，但最令人困惑的是思考的'十字路口'，不彻底明白这个问题，任何行动可能都带有盲目性，更谈不上什么突破人生逆境了"。所以我们必须要明白，有限的思考会造就有限的人生，所以在思考人生时，要努力要求自己。唯有你自己去真正思考，才是唯一能有希望实现目标的方法，才能突破盲目，才能突破人生逆境。

亨利·福特说："思考是最艰难的工作，这也就是为何很少有人愿意去做的原因。"

对于人生逆境，并非"只要有勇气与决心就没有闯不过去的关"。事实上，我们在应对逆境时，还需要尊重客观事实。在现实中，人生的逆境大致有三个类型。

### 1. 虚拟的逆境

有个故事说的是一群死囚在讨论自己的前途命运。如果什么也不做，只有死路一条；如果试着去越狱，虽然危险，但有可能获得生的希望。最终大家都畏惧越狱的风险，选择了坐以待毙。只有一个人不甘心这样的结局，他站起来，朝着囚牢坚固的墙壁撞了过去。结果，他竟获得了自由。原来那囚牢本来就没有墙壁，大家所见的因牢不过是自己的幻影而已。

这个故事看似荒诞，却天天发生在我们的生活之中。对自己能力的无端怀疑，对一件小事的过分专注，甚至对自己某一个想法的过分固执，都会导致我们把自己关进自己心中的死因牢狱。这是一类非常可怕的逆境。它是虚拟的，可以出现在任何时候、任何地方和任何条件下，成为我们生活中的幽灵。不过，正因为它是我们自己虚拟出来的，所以，只要我们调整自己的心态，改变自己的想法，它就会被消除掉，不再干扰我们的人生。

### 2. 激励性逆境

我们在跃过一道壕沟时，总是要后退两步，给自己一个鼓足劲的准备动作，然后奔跑，起跳，完成跨越。这类逆境就是起这样的作用。它告诉我们，我们正面临着人生的一个腾飞跨越，因此必须停下来，做好充分的思想准备，调集自己全部的能量，然后蓄势而发实现一次人生飞跃。面对这样的逆境，我们所要做的就是认真地对待它，而不要惧怕它，运用我们全部的智慧去迎接它。许多伟人正是看到了这类逆境后的巨大成功，他们不遗余力地去战胜这样的逆境，并且最终赢得了人生。

### 3. 保护性逆境

由于人们思考和能力的局限性，我们常常会走上歧途，这时，亮着红灯的逆境就是一种警示，使我们意识到前面的危险，回到正确的道路上去。比如，臭氧层的破坏导致大自然对人类产生了报复，从中我们意识到了生态平衡的重要意义。于是，我们开始治理环境消除污染，大力实施环保措施，以使我们能够在一个和谐的环境里健康生存。有时，身体的疾病，夫妻不和，朋友间的疏远，也是一种这样的逆境，让我们反思自己，是不是自己在追求一种与自己内心相违背的东西，是不是我们正在做着一件损人又害己的事情。对于这样的逆境，我们必须认真接受它给予我们的警示，不能一意孤行；

否则，最终不仅不能成功，还会导致自己的惨败，甚至还会连累家人和朋友以及所有爱我们的人。所以，我们也可以称这一类逆境为保护性逆境。

对于如何应对这三种类型的逆境，我们依次将在后面的章节里详细谈及。

第三章

**逆境就是心中的牢笼**

很多时候，你身处顺境还是逆境，并不是被别人左右的结果，而在于你的心态是否健康。用悲伤的眼睛看世界，那么世界便暗无天日；如果你用慈爱的眼光看待这个世界，你会发现，有许多事物值得我们去感动。

一家铁路公司有一位调度员名叫尼克，他工作相当认真，做事也很负责尽职，不过他有一个缺点，就是他对人生很悲观，常以否定的眼光去看这世界。

一天铁路公司的职员都赶着去给老板过生日，大家都急急忙忙地提早走了。不巧的是，尼克不小心被关在一个待修的冰柜车里。尼克在冰柜中拼命敲打着喊着，全公司的人都走了，根本没有人听得到。尼克的手掌敲得红肿，喉咙叫得沙哑，也没人理睬，最后只得颓然地坐在地上喘息。他愈想愈害怕，心想：冰柜内的温度只有 -5℃，如果再不出去，一定会被冻死。他只好用发抖的手，找了笔纸来，写下遗书。

第二天早上，公司的职员陆续来上班。他们打开冰柜，赫然发现尼克倒在地上。他们将尼克送去急救，已没有生命迹象。但是大家都很惊讶，因为冰柜的冷冻开关并没有启动，这巨大的冰柜也有足够的氧气，更令人纳闷的是，柜子的温度一直是略低于外界温度的 16℃，但尼克竟然给"冻"死了。尼克并非死于冰柜的温度，他是死于心中的冰点。他已给自己判了死刑，又怎么能够活得下去呢？

# 在创新中找到捷径

创新不只是科学家和学者的专利，创新思维和创新能力可以培养，每一个人都有创新的潜能。最大限度地释放我们大脑的创新潜能，在不断的创新中走出一条与众不同的捷径，是决胜竞争时代的唯一法宝。

成大事者必须要学会时刻摒弃因循守旧的做法，创新求变才会有真正的成功。我们当中有一些人常常抱怨自己的脑子太笨，这是因为他们不善于开动脑筋，总是让自己在过去的思维模式中僵化着。

一切创新都是智慧的产物，它的本质是不因循守旧，是独辟蹊径。跟着别人的思路跑是不会创出什么新意来的。英国的布莱克说："独辟蹊径才能创造出伟大的业绩，在街道上挤来挤去是不会有所作为。"这句话对每个有志于培养自己智慧的人来说，当属至理名言。

好莱坞大导演史蒂芬·斯皮尔伯格，生长在美国 20 世纪 60 年代，那是一个充满暴力、变数、不安及恐惧的时代——当时肯尼迪总统被刺身亡，震惊内外，粉碎了不少美国人对未来所向往的美好愿望。接着一连串挥之不去的梦魇又接踵而至，如侵越战争、水门事件——诸多的不顺，使得社会也起了连锁反应，人们对未来没有信心，部分人选择了颓废与放弃，借毒品麻醉自己。而不愿颓废的激进派，则选择了社会运动来发泄自己的不满，反战示威等社会运动接连不断。

在这期间，一些反映时事的电影，如《越战猎鹿人》《现代启示录》《归乡》等陆续登场，当时电影中笼罩的灰色气氛，让人更喘不过气来。

这时，史蒂芬·斯皮尔伯格却正孕育着不同的思维，跳脱了好莱坞电影传统的风格，企图以说故事的形式，将观众带到一个光与影交替、过滤了不安与无奈的梦想世界——他企图以爱唤起人们对人生的信心。这就使得他更先别人一步进入了人们的内心，也从而奠定了成功的基础。

他完全突破了传统电影的制作、拍片手法，许多不可能的事在他的电影中一一成为事实。

斯皮尔伯格所制作或导演的电影，不但叫好也叫座，获得票房与艺术的同时肯定，并为全世界的影迷所喜爱。他成功了，那是因为他懂得求新、求变，并且以不顺应潮流的思维观念，适时创新及突破。

他的制作与导演的技巧，带领着好莱坞电影走进高科技与艺术的最高境界，不但为好莱坞电影的历史添上了辉煌的一页，更成为近年来电影制作上的一股新潮流。

史蒂芬·斯皮尔伯格所执导的电影，如《大白鲨》《侏罗纪公园》《夺宝奇兵》《外星人》《紫色姊妹花》《直到永远》《辛德勒名单》等，每一部片子都创下了电影史上最卖座的票房纪录。


## 突破心灵的枷锁


经历失恋的人会说："没有什么比现在更糟糕的了"；被炒鱿鱼的人会说："没有什么比现在更糟糕的了"；甚至于不慎丢失了一个手机，也会有人说："没有什么比现在更糟糕的了"。事实真的是这样吗？

你现在不妨仔细想想，从小至今从你的口里或心里说过了多少次"没有什么比现在更糟糕"？——儿童时失手打碎了邻居家的花瓶，少年时考试不及格，青年时和初恋的爱人分手……这些类似的事情，在当时的你眼里也许都是一件件糟糕透顶的事。你为此焦虑、悲伤，甚至痛不欲生。但时过境迁之后的今天，你还会认为那些事情"糟糕透顶"吗？

大约 5 岁那年的一天，我到一间无人住的破庙里去玩。当我爬到高高的窗台掏鸟窝时，竟发现鸟窝中盘着一条吐着红信的蛇。我吓得从窗台上掉了下来，将手臂摔断，还失去了左手的一根小指。

我当时吓呆了，以为今生就完了。但是后来身体痊愈，也就再没为这事烦恼。现在，我几乎从没在意左手只有四根手指。

人在身处逆境时，适应环境的能力真是惊人。人可以忍受不幸，也可以战胜不幸，因为人有着惊人的潜力，只要立志发挥它，就一定能渡过难关。

小说家达克顿曾认为除双目失明外，他可以忍受生活上的任何打击。在他 60 多岁时，他双目失明了，他说："原来失明也可以忍受。人能忍受一切不幸，即使所有感官都丧失知觉，我也能在心灵中继续活着。"

我并不主张人逆来顺受，就是说：只要有一线希望，就应奋斗不止。但当你面对无可挽回的事时，就要想开点，不要强求不可能的结果。

著名的话剧女演员波尔特德就是这样一位达观的女性。她在四大洲各地的戏剧舞台上演出了 50 多年。当她 71 岁时，突然破产了。更糟糕的是，她在乘船横渡大西洋时，不小心摔了一跤，腿部伤势严重，引起了静脉炎。医生认为必须把腿截肢，但又不敢把这个决定告诉波尔特德，怕她忍受不了这个打击。可是他错了。波尔特德注视着这位医生，平静地说："既然没有别的办法，就这么办吧。"

手术那天，波尔特德在轮椅上高声朗诵戏剧里的一段台词。有人问她是否在安慰自己，她回答："不，我是在安慰医生和护士，他们太辛苦了。"

后来，波尔特德继续在世界各地演出，又重新在舞台上工作了 7 年。

如果硬要用全部精力和不可避免的事情抗争，就不可能再有精力重建新的生活。为什么汽车的轮胎能经得起长途的磨损呢？一开始人们设计出刚性很强的抗震车胎，但用不了多久，就被磨损得七零八落。后来，经过研究试验制造出既有柔性又耐磨的防震车胎，这才经得住磨损。如果我们也能像这种车胎一样，那我们也会生活得稳定和长久。

## 走出逆境烦恼的三个原则

事实上，人的注意力是有限的。当你在注意一件事情的时候，你就注意不到其他事情。所以，从抑郁中摆脱出来的方法并不复杂。只要你脑海中的"电影"改变了，你不要再在脑海里放你不喜欢的电影了，而去放一部新的、喜欢的电影，就很容易改变这种情况。

让我们来看一个发生在非洲的故事。有位探险家到非洲一个尚未开发的地区去，他随身带了些小饰物要送给当地土著，礼物当中还包括了两面能照全身的镜子。探险家把这两面镜子分别靠在两棵树旁，然后席地而坐，与随行的人商议探险的事。这时，有个土著手持长矛走了过来，他望见镜子，并从中看到了他自己的影子，他立刻对着镜里的影子刺了过去，就像那是个真人一样，他发动各种攻势要置镜中人于死地，当然，镜子当场粉碎。

这时，探险者走了过来，问他为什么要打破镜子？土著答道："他要杀我，我就先杀死他。"探险家告诉他镜子不是这么用的，说着把土著人带到另一面镜子前，示范道："你看，镜子这个东西可以用来看看头发有没有梳整齐，看看脸上的油彩涂得好不好，看看自己的身体有多么魁梧强壮！"

土著人惊叹道："哇，我不知道。"

成千上万的人也正像那个土著人一样。他们终其一生都与自己为敌，认为无处不是艰苦的奋战，结果也真的弄得痛苦不堪。他们总是疑心有人与自己为敌，结果当然有；他们总是预期生活中有解决不完的问题，结果也真如其所料。所谓"人无远虑，必有近忧"，"困难永远存在"说的就是这个道理。

英国作家萨克雷有句名言："生活是一面镜子，你对它笑，它就对你笑；你对它哭，它也对你哭。"确实，不管你生活中有什么不幸和挫折，你都应以欢悦的态度微笑着对待生活。

下面介绍几条原则，只要你反复地认真实行，就能减轻或者消除你处在逆境时的烦恼。

### 1. 不要把眼睛总盯在"伤口"上

如果某些烦恼的事已经发生，你就应正视它，并努力寻找解决的办法。如果这件事已经过去，那就抛弃它，不要把它留在记忆里，尤其是别人对你的不友好态度，千万不要念念不忘，更不要说："我总是被人曲解和欺负。"当然，有些不顺心的事，适当地向亲人或朋友吐露，可以减轻烦恼造成的压力，这样你的心情也许会好受一些。

### 2. 要朝好的方向想

有时，人们变得焦躁不安是由于碰到自己无法控制的局面。此时，你应承认现实，然后设法创造条件，使之向着有利的方向转化。此外，还可以把思路转向别的事情上，诸如回忆一段令人愉快的往事，让它驱散心中的烦恼。

### 3. 放弃不切合实际的幻想

做事情总要按实际情况循序渐进，不要总想一口吃个胖子。有人一生都在为金钱、权力、荣誉奋斗，可是，这类东西获得的越多，你的欲望就会越大。这是一种无止境的追求。有人认为一个人发财、出名似乎是一下子的事情，而实际上并不是这样。因此，你应在怀着远大抱负和理想的同时，随时树立短期目标，一步步地实现你的理想。

## 宽恕自己的错误

如果你仔细观察周围，你就会发现，在我们宁静的生活中，大多数人都是和蔼可亲的，富有爱心的，也是宽容的。如果你犯了错真诚地要求他人宽恕时，绝大多数人不仅会原谅你，而且他们很快就会把这事儿忘得一干二净。

可贵的是，我们这种亲切的态度对所有人都一样，没有什么种族、地域、民族的分别；但有时它就只对一个人例外。谁？没错，就是我们自己。

也许你会怀疑：“人类不都是自私的吗？怎么可能严于律己宽以待人？”是的，人总是会很容易原谅自己，不过，这只是表面上的饶恕而已，如果不这么自我安慰的话，如何去面对他人？但在深层的思维里，一定会反复地自责：“为什么我会那么笨？当时要是细心一点就好了。”或是：“我怎能让这样的错发生？”

如果你还不相信，请你再想想自己有没有犯过严重的错误，如果想得出来的话，那你一定有过耿耿于怀，并没真正忘了它。表面上你是原谅了自己，实际上你是将自责收进了潜意识里。

犯了错只表示我们是个普普通通的人，不代表就该承受心灵的折磨。我们唯一能做的只是正视这种错误的存在，由错误中学习，以确保未来不会发生同样的憾事。接下来就应该使自己得到绝对的宽恕，尽快把它忘了，甩掉心中的包袱继续前进。

人的一生中难免犯错误，要是对每一件事都深深地自责，一辈子都要背负着一大包的罪恶感生活，你还奢望自己能走多远？

玛丽·科莱利说："如果我是块泥土，那么我这块泥土也要预备给勇敢的人来践踏。"如果一个失败者在表情和言行上时时显露着卑微和失望，每件事情都不信任自己、不尊重自己，那么这种人将永远得不到别人的尊重。

造物主给予人巨大的力量，鼓励人去从事伟大的事业。这种力量潜伏在我们的脑海里，使每个人都具有客观存在的韬略伟才，能够精神不灭、万古流芳。如果一个人不尽到对自己人生的职责，在最有力量、最可能成功的时候不把自己的力量施展出来，那么你就不可能成功。

记住，宽恕，忘怀，前进。宽恕自己，才能把犯错与自责的逆风，变为化雨的东风推着你走向成功。

## 不要拿别人的错误惩罚自己

我想每个人都听过这句话：生气是拿别人的错误惩罚自己。然而真正做到不惩罚自己的人恐怕没有吧？

过失，尤其是我们对过失的自我谴责和反省，更被认为是富有意义的。我们觉得难以宽恕自己，只是因为我们往往从自我谴责中寻找一种安全感，我们常常通过遮掩着自己的伤口，以获得一种反常的病态的乐趣。当我们谴责他人时，就会产生一种居高临下的优越感。但却没有人愿意否认，谴责给人带来的只是一种虚幻的满足。

实际上，做到不生气并不难。心理医学研究表明，一个人心情舒畅，精神愉快，中枢神经系统处于最佳功能状态，那么，这个人的内脏及内分泌活动在中枢神经系统调节下皆处于平衡状态，使整个机体协调，充满活力，身体自然也健康。

在出现的问题面前，应保持冷静的思考和稳定的情绪，遇事心态平和、冷静客观地做出分析和判断。

要从多方面培养自己的兴趣与爱好，如书法、绘画、集邮、养花、下棋、听音乐、跳舞、健身等，从事这些活动，可以修身养性，陶冶情操。

对自己要有自知之明，遇事要尽力而为，适可而止，不要好胜逞能地去做力不从心的事，只做自己力所能及的事。

不要过于计较个人的得失，不要常为一些鸡毛蒜皮的事而发火，愤怒要克制，怨恨要消除。

保持和睦的家庭生活和友好的人际关系、邻里关系，这样在遇到问题时就可以得到各方面的支持。

## 关注自己所拥有的

一位教育学教授在课堂上说："我有三字箴言要奉送各位，它对你们的学习和生活都会大有帮助，而且这是一个可使人心境平和的妙方，这三个字就是：不要紧。"不让挫折感和失望破坏平和的心情，是享受生命的重要一课。我们往往会自我夸大失败和失望，以为那些事都非常要紧，以至于每次都好像到了生死的关头。然而，许多年过去后，回头一看，我们自己也会忍不住笑自己，为什么当初竟把那么丁点小事看得那么重要呢？时间是治疗挫折感的方式之一，只有学会积极地面对挫折，才能避免长时间的漫长而痛苦的恢复过程，并且能使这个过程变成一段快乐享受的时光。

安娅·贝特曼爱上了英俊潇洒的杰克先生，她确信找到了自己的白马王子。可是有一天晚上，杰克温柔婉转地对她说，他只把她当作普通朋友。贝特曼心中以杰克为中心构想的爱情大厦顷刻土崩瓦解了。那天夜里贝特曼在卧室整整哭了一夜，她甚至感到整个世界都失去了意义。但是，随着时光一天天过去，她发现没有杰克她也能生活得很幸福，并相信将来肯定会有另一个人成为她的白马王子。果然，一个更适合她的小伙子来了，他们结婚生子，日子非常快乐。有一天，贝特曼和丈夫得到一个坏消息：他们投资做生意的钱赔掉了。贝特曼想：这次可真的是太要紧了，今后一家人的生活将怎样维系呢？这时，她听到了屋子外面孩子玩耍发出的兴奋的喊叫，她扭头看去，正好看到孩子冲她笑着。孩子灿烂的笑容使她立刻意识到，一切都会过去，没有什么要紧的。于是，她又打起精神来和一家人平安地度过了那个难关。她说："人生在世，有许多要紧的事情，也有许多使我们的平和心情和快乐受到威胁的事情，冷静地想一想实际上这一切也许都是不要紧的，或者不像我们所想的那样要紧。"

　　经常对自己说"不要紧"，这种心理调节方法实际上是建立在一个很深刻的哲学道理上的，即：我们的生命是什么。对这个问题的回答决定着我们对生活价值的判断、生活的行动，当然也就决定着我们生活的心态。有的人把生命看作是占有，占有金钱，占有权力，占有财富，占有名利，占有……这样的生命，总是把人生的意义定在一个点上，当这个点实现后，就开始追逐下一个点。也许当他到达一个具体的时点，会有一个瞬间的快乐，但很快就会被实现下一个点的焦虑所代替。在这样的人生中，人本身只是一个不断地追逐目标的工具，而不是生活本身。所以，人生总是被忙碌、焦虑、紧张所充斥，争名夺利患得患失，一刻也没能放松地享受一下生命的美好。而有的人则把生命看作是上帝给予的礼物，是一个打开、欣赏和分享这个礼物的过程。因此，这样的人坚信生命本身是快乐，是爱，无论处在什么样的环境中，即使是非常恶劣的环境，他们也能泰然处之，兴趣盎然地去寻找、发现、享受生命中的每一个乐趣。对于这样的人来说，重要的不是去拥有什么，因为他们知道他们已经拥有了一切；重要的是他们应该如何去生活，是不是真的享受了自己的生命。

美国心理学专家理查·卡尔森博士就是看到了对待生命不同的态度，要求我们"多去想想你已拥有什么而不是你想要什么"。他说："做了十几年的压力学心理顾问，我所见过的最普通、最具毁灭性的倾向，就是把焦点放在我们想要什么，而非我们拥有什么。不论我们多富有，似乎没有差别，我们还是不断扩充我们的欲望购物单，确保我们难以满足的欲望。你的心理机制说：'当这项欲望得到满足时，我就会快乐起来。'可是，一旦欲望得到满足之后，这项心理作用却又在不断地重复。……如果我们得不到自己想要的某一件东西，就不断想着我们没有什么，仍然会感到不满足。如果我们如愿以偿得到我们想要的东西，就会在新的环境中重复我们的想法。所以，尽管如愿以偿了，我们还是不会快乐。"

卡尔森博士针对这个问题，提出了他的解决办法："幸好，还有一个方法可以得到快乐。那就是将我们的想法从我们想要什么，转为我们拥有什么。不要奢望你的另一半会换人，相反的，多去想想她的优点。不要抱怨你的薪水太低，要心存感激你有一份工作可做。不要期望去夏威夷度假，多想想自家附近有多好玩。可能性是无穷无尽的！当你把焦点放在你已拥有什么，而非你想要什么时，你反而会得到更多。如果你把焦点放在另一半的优点上，她就会变得更可爱。如果你对自己工作心存感激，而非怨声载道，你的工作表现会更好，更有效率，也就有可能会获得加薪的机会。如果你享受了在自家附近的娱乐，不要等到去夏威夷再享乐，你也许会得到更多的乐趣。由于你已经养成自娱的习惯。因此如果你真的没有机会去夏威夷，反正你也已经拥有美好的人生了。"

最后，卡尔森博士建议道："给自己写一张纸条，开始多想想你拥有什么，少想你要什么。如果你能这么做，你的人生就会开始变得比以前更好。或许这是你这一辈子第一次知道真正的满足是什么意思。"

说"不要紧"不是要使自己变得麻木不仁，对逆境无动于衷，而是要你变得更敏锐、更智慧，从中看到生命的快乐，使自己在逆境中看到祝福，享受到爱。

## 看问题要换位思考

一件事可以从许多角度来看，有好的一面，亦有坏的一面，有乐观的一面，亦有悲观的一面。若凡事皆能往好的、乐观的方向看，必将会希望无穷；反之，一味地往坏的、悲观的方向看，定觉兴致索然。外甥女只有 3 岁，晚餐时每每执着汤匙要"自己来"，但次次皆被母亲夺走，而母亲通常的回答是："你还不会。"当我下次再造访她们家时，外甥女竟改口道："你帮我。"由此可见，孩子的热情被一而再、再而三地浇灭后，便容易产生依赖性。久而久之，便将变成一个怕做错事而受嘲骂、缺乏自信的人，等到将来长大，自然会畏畏缩缩，没有勇气尝试突破困境。

凡事多往好的方面想，自然会心胸宽大，也较能接纳别人的意见。拥有宽大的心胸，不但可以使人转换角度去看事情，更能使自己过着无人而不自得的日子。有一回，释尊的一位大弟子被一位婆罗门侮辱，但他对于对方的辱骂只是充耳不闻，未予理会。因为他知道，一个会以辱骂别人来抬高自己的人，他在个人的修养和品行上也会有问题。婆罗门见到他无端被自己辱骂，不但没有生气，且能微笑地答辩，真不愧是圣者，于是自知理亏便悄悄地离开了。这便是豁达。

我们做人要豁达一些，也要大度一些，凡事留有余地。就拿穿鞋来说吧，我们买鞋子都知道要预留一点空间，否则穿久了，会因脚和鞋子摩擦得太厉害而起水泡，甚至磨破皮，以致痛苦难忍。又如赴约，应提早 5 分钟或 10 分钟到场，也一定比最后 1 分钟赶到的心情轻松多了。俗话说"宰相肚里能撑船"，英国首相丘吉尔就是最好的例证。他化解愤怒的方法是幽默。有一次，丘吉尔演说前有一位不赞同他观点的人，递了张纸条给他，上写着"笨蛋"二字，丘吉尔看了之后，并没有生气或不悦的颜色，只是拿着那张纸条幽默地说："我常常接到许多忘了签名的信，今天我第一次接到没有内容，却只有签名的信，难道这是他的签名吗？"随后将纸条展示给在座诸位观看，引得众人哄堂大笑。愤怒是不好的情绪，但大多数的凡夫俗子往往控制不住它，只有少数有智慧、有肚量的人才能适时疏导这种不好的情绪。

我们都有过这种经验，就是盛怒之后，再反省便会发现："我当时也可以不必那么愤怒的，其实事实也不是那么严重，不知道他（受气者）现在的感受如何？"但当再次遇到那种使人非常愤怒的情景时，往往又会按捺不住怒火。于是，我们必须通过日常生活不断地磨炼自己，使自己也拥有化解矛盾、疏导愤怒的智慧和能力。

我们应该学会换位思考，并用积极开朗的态度去解决一切问题。在这充满争斗的繁华世界之中，唯有以最自然无争的态度，并处处流露服务他人的意念，才能散发人性至真、至善、至美的光明一面。

人们常说："当你笑时，全世界都跟着你笑，当你哭泣时，只有你一个哭泣。"

换个角度思考问题，成功就会不远啦！

## 学会自我平衡

心理失衡的现象在现代竞争日益激烈的生活中时有发生。大凡遇到成绩不如意、高考落榜、竞聘落选、与家人争吵、被人误解讥讽等等情况时，各种消极情绪就会在内心积累，从而使心理失去平衡。消极情绪占据内心的一部分，而由于惯性的作用使这部分越来越沉重、越来越狭窄；而未被占据的那部分却越来越空、越变越轻。因而心理明显分裂成两个部分，沉者压抑，轻者浮躁，使人出现暴戾、轻率、偏颇和愚蠢等难以自抑的行为。这虽然是心理积累的能量在自然宣泄，但是它的行为却具有破坏性。

这时，我们需要的是"心理补偿"。纵观古今中外的强者，其成功的秘诀中很重要的一点就是善于调节心理的失衡状态，通过心理补偿逐渐恢复平衡，直至增加建设性的心理能量。

有人打了一个颇为形象的比方：人好似一架天平，左边是心理补偿功能，右边是消极情绪和心理压力。你能在多大程度上加重补偿功能的砝码而达到心理平衡，你就能在多大程度上拥有了时间和精力，信心百倍地去从事那些有待你完成的任务，并有充分的乐趣去享受人生。

那么，应该如何去加重自己心理补偿的砝码呢？

首先，要有正确的自我评价。情绪是伴随着人的自我评价与需求的满足状态而变化的。所以，人要学会客观评价自己。有的青少年就是由于自我评价得不到肯定，某些需求得不到满足，未能及时进行必要的反思，调整自我与客观之间的距离，因而心境始终处于郁闷或怨恨状态，甚至悲观厌世，最后走上绝路。由此可见，青年人一定要学会正确估量自己，对事情的期望值不能过分高于现实值。当某些期望不能得到满足时，要善于劝慰和说服自己。不要为平淡而缺少活力的生活而遗憾。遗憾是生活中的"添加剂"，它为生活增添了发愤改变与追求的动力，使人不安于现状，永远有进步和发展的余地。生活中处处有遗憾，然而处处又有希望，希望安慰着遗憾，而遗憾又充实了希望。正如法国作家大仲马所说："人生是一串由无数小烦恼组成的念珠，达观的人是笑着数完这串念珠的。"没有遗憾的生活才是人生最大的遗憾。

我们常常需要正确地对待他人的评价。因此，经常与别人交流思想，是求得心理补偿的有效手段。

其次，必须意识到你遇到的烦恼是生活中难免的。心理补偿是建立在理智基础之上的。人有各种感情，遇到不痛快的事，没有理智的人喜欢抱怨、发牢骚，到处辩解、诉苦，好像这样就能摆脱痛苦。其实往往是白花时间，现实还是现实。明智的人勇于承认现实，既不幻想挫折和苦恼会突然消失，也不追悔当初该如何如何，而是想到不顺心的事别人也常遇到，并非老天跟你过不去。这样你就会减少心理压力，使自己尽快平静下来，客观地对事情做个分析，总结经验教训，积极寻求解决的办法。

再次，在挫折面前要适当用点"精神胜利法"，即所谓"阿 Q 精神"，这有助于我们在逆境中进行心理补偿。例如，实验失败了，要想到失败是成功之母；若被人误解或诽谤，不妨想想"在骂声中成长"的道理。

最后，在做心理补偿时也要注意，自我宽慰不等于放任自流和为错误辩解。一个真正的达观者，往往是对自己的缺点和错误最无情的批判者，是敢于严格要求自己的进取者，是乐于向自我挑战的人。

记住雨果的话吧："笑就是阳光，它能驱逐人们脸上的冬日。"

## 从坏情绪中走出来

坏情绪是一种心灵的阴云，它会遮蔽了人生的太阳。那些沉浸在悲伤情绪中的人，他们心中的天空好像总在下雨……

对于人生可以确定的是，每个人都曾遇到过令人难以应付、令人失望的逆境，有些人会利用人生的逆境使自己成长，有些人会觉得自己已被击败，决定两者之间的差异并非人生的幻灭和失望，而是看待人生的方式。以下是一些可以帮助受困于坏情绪的人们从心灵的角度调整面对逆境的心态。

要承认自己也有无能为力的时候。经历心灵创伤的人都会产生无助感，他们无法采取任何行动来影响、改变或阻止坏事的发生。如果一个人在人生过程中体验过无助的感觉，就有可能误以为无助是天性使然，进而渐渐地以为无论自己如何努力尝试也是没有用的。当一个人愿意承认自己无能为力时，那么他就不会尝试要尽力控制事件。这样的体验也使我们明白：面对某些人生事件我们是无能为力的；有些伤痛是无法避免的；伤痛的发生并不意味着我们的出发点是坏的、是错的或做得不够。

有一句意大利谚语："即使水果成熟前，味道也是苦的。"苦涩的感觉是成长与内心挣扎的必然。我们可能常常这样自语："为什么是我呢？人生总是与我做对，这太不公平了。"然而，如果你任由自己陷于怨恨与绝望，你就永远无法在人格上成熟起来，成长亦无从发生。

我们的人性并非一开始就发展得很完全。相反的，它是经过日常生活的磨炼之后才日臻完善的，一块铁在铁匠的炉火中经过千锤百炼才能成形。没有人可以躲过伤痛和坏情绪，因为避开它会迫使我们无法面对自己的内心世界及外在世界。唯有面对坏情绪，心中的自我才能获得呼吸的自由，也唯有能自由呼吸，生命才得以维持。

究竟什么障碍使人无法摆脱坏情绪呢？无法摆脱坏情绪的原因可能有：我们深陷在悲伤循环过程中某个特定的环节；所处的环境不利于我们表达伤心悲痛的痛苦情绪；失去所爱或失去一种情境造成的矛盾过于强烈，而无法公开面对。根据弗洛伊德的解释，摆脱坏情绪的目的就是使人不要过度将精神耗费在失去的人、地方或情景的回忆上。当我们自然地感受内心情绪的力量和深度时，坏情绪与创伤的伤口就会开始化解，如此等于打开一扇通往自我心灵的门。

心绪不佳、烦恼苦闷的人，看周围一切都是黯淡的，他看到高兴的事，也笑不起来。这时候如果想办法让他高兴起来、笑起来，一切烦恼就会丢到九霄云外了。笑不仅能去掉烦恼，而且可以调解不良情绪，促进身体健康。

快乐是一种心理的习惯，是一种心理的态度。快乐不是在解决外在问题的条件下而产生的。因为一个问题解决了，还会有另外一个问题。现在必须从内心自发地快乐起来，而不要"有条件"地快乐。

一旦培养起学习快乐的习惯，你就可以成为自己情绪的主人而不成为奴隶，快乐的习惯可使一个人不受外在情况的支配。

我们只有适时地转化紧绷的坏情绪，才能进入较好的心态平衡中。

## 情绪不佳时转移注意力

当你因不愉快的事而情绪不佳时，你不妨试试转移自己的情绪注意力。

### 1. 积极参加社会交往活动，培养社交兴趣

人是社会的一员，必须在社会群体生活中，逐渐学会理解和关心别人，一旦主动关爱别人的能力提高了，就会感到生活在充满爱的世界里。如果一个人有许多知心朋友，可以取得更多的社会支持；更重要的是可以充分地感受到社会的安全感、信任感和激励感，从而增强生活、学习和工作的信心和力量，最大限度地减少心理的紧张和危机感。

一个离群索居、孤芳自赏、生活在社会群体之外的人，是不可能获得心理健康的。随着独门独户家庭的增多，使得家庭与社会的交流减少，因此走出家庭，扩大社会交往显得更有实际意义。

### 2. 多找朋友倾诉，以疏泄郁闷情绪

在我们日常生活和工作中，难免会遇到令人不愉快和烦闷的事情，如果找个好友听您诉说苦闷，那么压抑的心情就可能得到缓解或减轻，失去平衡的心理亦可得以恢复正常，并且能得到来自朋友的情感支持和理解，可获得新的思考，增强战胜困难的信心。

还可将不愉快的情绪向自然环境转移，郊游、爬山、游泳或在无人处高声叫喊、痛骂等。也可积极参加各种活动，尤其是可将自己的情感以艺术的手段表达出来，如去听听歌，跳跳舞，在引吭高歌和轻快旋转的舞步中忘却一切烦恼。

### 3. 重视家庭生活，营造一个温馨和谐的家

家庭可以说是整个生活的基础，温暖和谐的家是家庭成员快乐的源泉、事业成功的保证。孩子在幸福和睦家庭中成长，也很利于其人格的发展。

如果夫妻不和、经常吵架，将会极大地破坏家庭气氛，影响夫妻的感情及其心理健康，而且也会使孩子幼小的心灵受到伤害。可以说不和谐的家庭经常制造心灵的不安与污染，对孩子的教育很不利。

　　理想的健康家庭模式，应该是所有成员都能轻松表达意见，相互讨论和协商，共同处理问题，相互供给情感上的支持，团结一致应付困难。每个人都应注重建立和维持一个和谐健全的家庭。社会可以说是个大家庭，一个人如果能很好地适应家庭中的人际关系，也就可以很好地在社会中生存。

第四章

**失败是走向成功的必经之路**

人的幸福结局，并非平淡、安稳的喜乐，而是轰轰烈烈地与不幸奋斗。

——克里士纳

一头驴子不小心掉到一口井里，它哀怜地叫喊求救，期待主人把它救出去。驴子的主人召集了数位亲邻出谋划策，但是都想不出好的办法搭救出驴子，大家倒是认定，反正驴子已经老了，"人道毁灭"也不为过，况且这口枯井迟早也要填上。

于是，人们拿起铲子开始填井。当第一铲泥土落到枯井中时，驴子当然叫得更惨了——它显然明白了主人的意图。

又一铲泥土落到枯井中，驴子出乎意料地安静了。人们发现，此后每一铲泥土打在它背上的时候，驴子都做一件令人惊奇的事情，他努力抖擞背上的泥土，踩在脚下，把自己垫高一点。

人们不断地把泥土往枯井里铲，驴子也就不停地抖掉那些打在背上的泥土，使自己再升高一点。就这样，驴子慢慢地升到枯井口，在旁人惊奇的目光中，驴子潇洒地走了出来。

假如我们现在就身处枯井中，求救的哀鸣也许换来的只是埋葬我们的泥土。可驴子教会了我们，走出逆境的秘诀便是拼命抖掉打在背上的泥土，那么本来埋葬我们的泥土便可成为自救的台阶。

我们终于明白了一个道理，无论逆境看起来如何可怕，走出枯井原来就这么简单。

我们每一个人都渴望成功，渴望拥抱鲜花和掌声，但是却又都害怕失败的感觉，甚至极力逃避失败。既想成功又逃避失败，这实在挺矛盾的。失败是登上成功必经的阶梯，在成功之前，每个人都会经历过失败。

迈向成功的路几乎完全是一次又一次的失败铺出来的。然而，实际生活中许多人却不顾一切地甚至不计代价地想要逃避失败。这种对失败的恐惧与其他的恐惧是相伴相生的。殊不知，逃避失败就是逃避成功。

## 不要坐等机遇，要会抓住机遇

人生中的逆境，不过是漫长人生中的几道曲折，几个漩涡。要善于在逆境中逆流而上，开创新的天地。真正有志的人，总能在逆境中发挥自己的才能，锤炼自己的意志品质，在逆境中抓牢机会，从而改写自己的命运。

身处逆境中的人，应以此互勉，只要你有一颗执着之心，逆境在你的眼里，也会成为一种机会。

失败者谈起别人获得的成功，总会愤愤不平地说："人家那是凭运气。""他赶上了好机会。"他们不会主动采取行动，总是等待着"有一天"他们会走运。他们把成功看作是降临在"幸运儿"头上的偶然事情。失败者认为成功者的命运是一帆风顺，而自己的命运则全是老天不长眼；所以，既然幸运女神不肯照顾，他们除了怨天尤人外，还能做什么呢？

这些人年复一年地按照他们那种失败者的生活模式过日子，却不知道他们自己的遭遇恰恰是因为自己自暴自弃造成的。他们看不到自己在失败当中应负的责任，于是便责怪自己的配偶，责怪一起做生意的伙伴，责怪运气不好，责怪经济不景气……他们成天谈论所有的人如何"亏待了他们，如何对他们不公"。

成功者没有时间怨天尤人，他们耽误不起这些时间。他们忙于解决问题，忙于勤奋工作，忙于把各项事情做好，忙于如何乐观地对待一切，只有这样，才能得到幸运和机会的垂青。

## 破釜沉舟，绝境逢生

1993 年夏，有一个叫项乾的大学生毕业后开始求职，但一无关系二无技术之长的中文系毕业的他很快就沦落为一个四处打零工、三餐不继的流浪汉。

1993 年 9 月 27 日是项乾一生中最值得牢记的日子，那一天他已身无分文，而他的人生转折点也从此开始。在那个阳光和煦的午后，项乾在大街上漫无目的地走着，路过一家大酒楼时，他停住了。他已经记不清有多久不曾吃过一顿有酒有菜的饱饭了。酒楼里那光亮整洁的餐桌，美味可口的佳肴，还有服务员温和礼貌的问候，令他无限向往。项乾的心中忽然升起一股不顾一切的勇气，他推开门走了进去，选一张靠窗的桌子坐下，然后从容地点菜。他简单地要了一份鱼香肉丝和一份扬州炒饭，想了想，又要了一瓶啤酒。吃过饭后，项乾将剩下的酒一饮而尽，他借酒壮胆，努力做出镇定的样子对服务员说："麻烦你请经理出来一下，我有事找他谈。"

经理很快出来了，是个五十开外的中年人。项乾问他："你们要雇人吗？我来打工行不行？"经理听后显然愣了："怎么想到这里来找工作呢？"项乾恳切地回答："我刚才吃得很饱，我希望每天都能吃饱。我已经没有一分钱了，如果你不雇我，我就没办法还你的饭钱了。如果你可以让我来这里打工，那就有机会从我的工资中扣除今天的饭钱。"

酒楼经理忍不住笑了，向服务员要来项乾的点菜单看了看说："你并不贪心，看来真的只是为了吃饱饭。这样吧，你先写个简历给我，看看可以给你安排个什么工作。"

项乾就这样开始了在这家酒店的打工生涯，历尽磨难，他从办公室文秘做到西餐部经理又做到酒店副总经理。再后来，他开起了自己的酒店。

俗话说："置之死地而后生。"遇到非常时期，人是要有点非常思维和非常勇气的。在最后的关头，唯有抱着破釜沉舟的决心，才能绝地逢生。

## 立身要靠自己

人们努力学习、勤奋工作，看上去好像是被环境所迫，但真正的动机还是发自各人的内心。奋斗并不是别人勉强的，而是你自己内心深处有一种愿望和奋斗目标，希望自己活得成功而光彩。

天上下雨地上滑，自己跌倒自己爬。锻炼意志和力量，需要的是自强自立精神，而不是来自他人的影响力，更不能依赖于他人。爱默生说，坐在舒适软垫上的人容易睡去。依靠他人，如果觉得总会有人为我们做任何事，所以自己不必去努力，这种想法就像高纯度海洛因，会使你在不知不觉中中毒上瘾，最后自我毁灭。依靠他人有时也会上瘾的，它对发挥自强自立和艰苦奋斗精神是致命的抹杀。

怎样才能靠自己立身呢？

### 1. 立身，要有良好品性

欲立身，先立品，人无品不立。换言之，要立身，先修身，不修身者难以立身。这就要求我们要自觉地加强品德修养，培养自己的诚实正直、谦虚谨慎、光明磊落等优秀品质。这乃是立身之基。

### 2. 立身，要有独立的人格

一个人如若无人格的独立性，必然会产生趋炎附势的奴性；一个奴性甚强的人，必定是一个依赖于他人之人；一个依赖他人之人，必定是一个阿谀谄媚的人。故安身立命、做人做事，一定要保持自己独立的人格。

### 3. 立身，要克服惰性，

一个懒散怠惰的人难以立身，懒惰散漫是立身的大敌，要立身就必须勤奋谨慎。只有如此，才能刻苦学习，才能掌握一项技能。一个人只有有了专门的本领，才能在社会上立身。无论过去、现在还是将来，"唯无技之人最苦，片技即足立天下"。正如人们所说，"腰缠万贯，不如薄技随身；家有黄金用斗量，不如自己本领强。"

### 4. 立身，要破除依赖性

曾有青年学生戏谑道："学好数理化，不如有个好爸爸。"一些人不是靠本领、靠水平、靠奋斗去就业、晋升，而是靠老子、靠关系、靠后门、靠叔叔大爷，这种依赖思想，这种偷生行为，这种堕落的现象，像蛀虫一样腐蚀着许多人的灵魂。

要做一个好汉，要靠自己的双腿走出人生之路，要靠自己的双手造出美好的新生活，切不可靠他人来为自己造福。须明白，靠神神跑，靠庙庙倒，靠自己最好。

日本著名企业家松下幸之助说：永远都不要绝望，如果做不到这一点的话，那就抱着绝望的心情去努力。正所谓，"对于精神不松懈、眼光不游移、思想不走神的人，成功不在话下。"这是我们坚持每天练习中最需要的支持，只有持之以恒地按照自己的目标去演练自己，才能将自己造就成自己所希望的人。生下来就一贫如洗的林肯，终其一生都在面对挫败：8 次选举 8 次都落选，2 次经商失败，甚至还精神崩溃过一次。

有好多次他本可以放弃，但并没有如此，也正因为他没有放弃，才成为美国史上最伟大的总统之一。林肯说："此路破败不堪又容易滑倒。我一只脚滑了一跤，另一只脚也因而站不稳，但我回过气来告诉自己，'这不过是滑一跤，并不是死掉都爬不起来了'。"

## 压力就是动力

伴随小排量耗油量低的日本小汽车的进口量加大，一度使美国第三大的汽车公司克莱斯勒也快陷入破产的境地。面对这接二连三的不幸，美国汽车公司该怎么办呢？

这时，出现了一位名叫艾科卡的英雄，他于紧急关头接任克莱斯勒的行政总裁。在短短的三年内，他将这家濒临破产边缘的公司拯救过来，变为一家有盈利的公司。在替克莱斯勒效力之前，艾科卡是福特汽车公司的总经理。这位总经理时常受到该公司总裁福特二世的排挤，令他不能充分发挥自己的才华。后来，他被炒了鱿鱼，他所有的特权，包括令人羡慕的高薪、豪华富贵且设施齐全的办公室，还有保安、秘书，一夜之间化为乌有。由于合约的关系，他在被炒了鱿鱼后仍得待在公司一段时间。在这段时间中，他被安置到一个脏乱不堪的货仓里办公，那里连转身的空间都谈不上，于是，艾科卡发誓要用一番成就来雪耻。结果，在面临破产的克莱斯勒公司，他的努力成功了。

假使福特二世让艾科卡风风光光地退了休，假使艾科卡没体会到"屈尊货仓"的公然侮辱，那么，后来的艾科卡肯定不会如此风光，他可以依靠丰厚的退休金心满意足地安度他的晚年。反正他早已成功过，富贵过，风光过，他的人生几乎已没有什么缺憾。但福特二世的侮辱，激发了他的斗志，给了他排除压力下决心取得成功的动力。

**1. 把打击当作上进的动力**

斯泰里 16 岁的时候，在一个大五金商号里做店员，这正是他所希望的一个职位。他感到自己的前途是光明远大的，于是他努力工作，尽心学习各种业务知识，自己盼望着将来做一个成功的五金销售员。他一直以为自己是踏实肯干的，但是其上司却不认同。

"我不用你了，你是绝不会做生意的。你到铸造厂去做一个工人吧。你那种蛮力，除了做这种工作之外，没有别的用途。"

无端被炒鱿鱼，这对于一个年轻人而言该是何等无情的打击！因为他始终认为自己工作得很好。那么，他是否准备到铸造厂去呢？一时间他的头脑里开始了不满、愤怒、愤愤不平等激烈的思想斗争。但是，他很快重整旗鼓，决心要干出一番成绩来。

他到上司面前郑重其事地对他说，"你可以辞退我，但是你不能削弱我的志气。"他面对那无理的上司发誓说，"十年之内，我也要开一个这样大的五金店。"

他的话并不是一种气愤的发泄而已。这个青年将第一次的失败变为激励自己的动力，驱使他不停地努力，一直到他成为全国最大的五金制品商之一。

如果没有受这次打击，恐怕斯泰里永远是一个平庸的销售员而已。他所受到的那个打击，恰恰成为促使他奋发上进的必要动力。

**2. 从不利中挖掘令人信服的积极因素**

有一位曾经因得罪领导而被调到离家较远的郊区工作的受挫干部，他已年过半百，每天要骑两小时自行车才能到单位，遇上刮风下雨情况就更不妙了。开始时他感到很沮丧，总想要求换个离家近点的单位。可是由于得罪了领导，他又不愿开口向领导提要求。于是，他主动采用了反向心理调节法，使自己的心理很快得到有效纠正。

过去，当他一大早骑着自行车赶路的时候，总是想到倒霉，越想倒霉越觉得这段路长。这是情绪影响了他对时间的知觉。现在他改变思索方向，倒过来想问题，他想：清晨骑自行车行驶在郊区的公路上，20多里路，这是多好的锻炼身体的机会！每天我是第一个出门的，看着田园风光，吸着清新的空气，听着小鸟的鸣叫声，实在是一种难得的享受。这样想来，他脚下这段路程显得不那么漫长了，心情也不感到沮丧单调了，反而感到十分轻松愉快，到工作单位后精神抖擞地投入工作。

他深有体会地说："痛苦是人们面对困境逆境的一种感觉。其实，只要你能正视现实，并从中发现事情有利的一面，就可以成功地引出积极心绪，使心理发生良性变化，痛苦就会被愉快所代替，哪怕是虚构的有利因素，也可以产生这样的效果。"

遇到困难或逆境时要多从积极的方面去想，发挥自己丰富的想象力和多角度的思维能力，极力从不利中挖掘、寻找到积极因素，调动自己的积极情绪战胜消极情绪。


## 不怕被人拒绝


在 MBA 案例讨论课上，中岛熏曾给大家讲了一个古老的日本传说。故事说的是有个日本的老农夫和他的狗在森林里走着，他们为了寻找遗失的宝物在森林中游走了 11 年。突然间那只狗停在一棵树下，先是嗅着树根然后开始吠叫，老人开始只觉得那狗生性爱吠，并不理会，他继续向前走并希望狗能跟过来，但那狗仍狂吠不停，于是老人停下脚步想叫狗过来，不过那狗并没有听他的话，老人非常生气，最后还用棍子撵它，希望那倔强的狗能停止吠叫。后来，他看狗又再次反抗他的命令，便恍然大悟地从包里拿出一把铲子，开始从树根往下掘着，才半小时的功夫，老人就发现了宝藏。

中岛先生解释说："当有人向我说'不'的时候，我把它视为彼此关系的开始，而非结束，好比那只狗坚持继续指路和吠叫的精神。所以，一两个星期过后，我会再拨电话给那些潜在顾客，他们会问我新的问题，而每个人也会给我机会回答。由于我的不懈努力，没多久，我的顾客开始"动手挖掘"了，不出所料他们真的挖到宝藏了。对于大部分的人来说，说'不'也许代表了结束，对我而言，那却是通往说'是'的起步。"

在我们的语言里，你可知有哪个字眼比"不"更刺人呢？如果你从事销售工作，做出 10 万元业绩的人跟做出 1 元业绩的人有什么差异呢？这其中的差异就在于如何能不因别人的拒绝而却步。一流的业务员往往是遭受拒绝最多的人，他们能把别人的"不"化成下一次的"是"。

心理学家韦恩曾经帮助过一位奥运的跳高选手，当时他的成绩止步不前，无法超越自己以往的纪录。当韦恩看过他的练习后，立即就找出了其中的症结。原来每当他临近横杆时，就会陷入心理上的障碍，把一件很平常的触杆看成是莫大的失败。

为了破除他的心结，韦恩把他叫到面前来，告诉他："如果真要我协助你，就不可以再有那种失败的念头。因为长久以来在你脑子里所形成的失败图像早已根深蒂固，所以每次跳高，在你脑子里总认为失败的机会远远超过成功的可能，因而无法发挥内在的潜能。下次你再触杆时，只要付之一笑，别认为那是失败，重新鼓起信心再试跳一次。"

那位运动员照韦恩教他的方法，只不过三次试跳后，他就打破了过去两年里的最佳纪录。虽然增加的高度只有几厘米而已，但是从此以后，他对人生的看法也全变了。同样的道理，只要你的观念有小小的改变，整个人生就会有天壤之别。

你能忍受多少次别人对你说"不"呢？你有多少次因为不想听别人说"不"，而放弃了可以提升自己的机会呢？你有多少次因为受不了别人说"不"，因而不再去找份新工作或再拜访一位新客户呢？你想想这样是不是有些可悲？只不过害怕再听到那个"不"字，你就把自己给限制住了。其实这个字并不具任何力量，它之所以会对你产生限制的力量，全是你自己内心的自卑造成的。当你有了自卑的想法，就产生自限的人生。

你学过了如何控制自己的心理活动，知道如何面对拒绝，从而化逆境为坦途。你可以试着努力让自己每次听到"不"字反而能更振奋，你可以把每次拒绝看成是一个潜在的机会。当下次电话铃响起时，千万别害怕拿起听筒，要以欢快的心情去面对另一场商战。别忘了，成功总是躲藏在拒绝的后面。

未曾遭遇拒绝的成功绝不会长久。你被拒绝得越多，你就越成熟，你学得越多，就越能成功。当下次别人拒绝了你，你不妨好好地跟他握个手，这会改变他的态度，有一天"不"会变成"是"。只要你知道如何面对拒绝，便能得到希望的东西。

卡尔文·李在竞选参加区政府的工作，内容是每天出去争取选票，他把要争取的选民名单夹在汽车的遮阳板上。

他来到了一位妇女的房子前，走过去敲她的房门，这位妇女打开门，他摘掉帽子彬彬有礼地说："女士，早上好。我的名字叫卡尔文·李·罗斯，我在竞选区任推举候选人代理，我希望得到你的支持。"他说完戴上他的斯特森帽。

这位妇女说："卡尔文·李·罗斯，我晓得你，我也知道你的家庭，你们家里没一个好东西。"她继续说，"你离过三次婚，你喝酒、打牌，还经常和外面不三不四的女人勾勾搭搭。即使这个世界只剩下你一个人了，我也不会投你的票的，你死了以后如果有秃鹫来啄你的尸体我绝不会把它们赶走。你要是不赶快从这儿出去，我就把我丈夫16毫米口径的步枪拿来，打烂你的屁股！"

卡尔文·李摘掉他的斯特森帽子说："女士，谢谢你。"

他离开那座房子回到车上，从遮阳板上取下选民名单，找到那位妇女的名字，从耳朵后面取下铅笔，在舌头上湿一下笔尖，然后在她的名字后面写上"有疑虑"。

## 困难，其实是你的恩人

困难是我们的恩人，有了困难，才能挡住或淘汰掉一切不如我们的竞争者，使我们更容易得到胜利。因为，平坦的大路边没有鲜美的果实。

斯巴昆说："许多人之伟大，来自他们所经历的艰难困苦。"精良的斧头，其锋利的斧刃是从熊熊炉火的锻炼与磨砺中得来的。

因此，逆境不是我们的仇敌，而是恩人。逆境可以锻炼我们"战胜逆境"的种种能力。森林中的大树，要是不同狂风暴雨搏斗过千百回，树干就不能长得粗壮挺拔。同样，人不遭遇种种逆境，他的品格、本领，也是不会长得结实的。所以一切的挫折、忧苦与悲哀，都是足以帮助我们，锻炼我们的。

有许多人不到穷困潦倒时，就不会发现自己的力量，逆境的磨难，反能帮助他发现"自己"。逆境仿佛是将他的生命炼成"美好前程"的铁锤与斧头。

有一个著名的科学家说：每当他遭遇到一个似乎不可超越的难题时，他便知道自己快要有新的成果发现了。

一旦幼鹫的羽毛生成，母鹫立刻会将它们逐出巢外，带它们作空中飞翔的练习。那种经验，使它们能于日后成为禽鸟中的君主和觅食的能手。

一些青年在艰苦环境中成长不顺利，又到处被摈弃、被排斥，反而日后会更有出息；而那些从小生活在优越环境里的人，却常常"苗而不秀，秀而不实"！

塞万提斯写《堂·吉诃德》是在他困处马瑞德狱中的时候。那时他贫困不堪，而在将完稿时，甚至无钱买纸，只得把皮革当作纸张。有人劝一位富裕的西班牙人去接济他，但那人回答说："上天不允许我去接济他的生活，因为唯有他的贫困，才能使他的内心世界更丰富！"

有史以来，被"压迫"，被驱赶简直是犹太人注定的命运。然而犹太人却创作了许多最可贵的诗歌、最巧妙的谚语、最华美的音乐。对于他们，"迫害"仿佛总是同"幸福"携手而来的。长期在逆境中生活的犹太人很勤奋也很乐观，这给他们带来了智慧和富裕，一些国家的经济命脉，几乎是掌握在犹太人手中。对于他们，"困苦如春日的早晨，虽带霜寒，但已有暖意；春寒料峭，足以杀掉土中的害虫，但挡不住复苏植物的生长！"

一个大无畏的人，愈为环境所迫，反而愈加奋勇，不战栗不逡巡，胸膛直挺，意志坚定，敢于对付任何困难，轻视任何厄运，嘲笑任何阻碍；因为忧患、困苦不足以损他毫发，反而增强了他的意志、力量与品格，使他成为了不起的人物——这真是世间最可敬佩、最可羡慕的一种人。

没有什么困难可以阻挡大无畏的人往前行，也没有什么逆境可以阻挡你前进的步伐。

西方有句名言："你想成功，上帝一定给予，但你需要付出代价来。"在中国，孟子也有一句警世恒言："天将降大任于斯人也，必先苦其心志，劳其筋骨，饿其体肤，空乏其身，行拂乱其所为。"说的都是同一道理。

成功不等同于代价，但成功后面一定会有代价。屈原因为被放逐而著《离骚》；司马迁因受腐刑而作《史记》；杜甫一生穷困，连爱子都养不活，却写出许多不朽诗篇；苏东坡仕途失意，怀才不遇，却吟出了不少豪气奔放的千古名言；痛感国破家亡，李后主填出不少感人肺腑的诗词；痛失丈夫、痛悼国亡，李清照由此写出了不少惊心动魄的千古绝句；曹雪芹煮字疗饥，足不出户，却写出了流芳百世的名著《红楼梦》。

要想成功，不可避免地要付出代价。这种代价，往往表现为挫折。一旦你在生活中不幸遇到挫折，是否就听任自己一挫即败，从而一蹶不振呢？答案无疑是否定的。你完全可以从他人那里获得鼓励，吸取重新站起来的勇气。

拿破仑说得好："在地狱中，人能创造天堂，在天堂中人能创造地狱。人只有尽善尽美地发挥自己的能动性，才能在艰难困苦中屹立不倒。人是环境的主宰，是不可战胜的。"

## 有勇气面对逆境

逆境是随时随地都存在的，我们的祖先，就是在与逆境搏斗的过程中掌握了生存的武器，黑暗教会他们"钻木取火"，严寒教会他们纺纱织布，而野兽的侵袭教会他们搭房造窝使用工具……慢慢地，当这一切变得越来越满足不了他们的需要时，他们就用自己的智慧和勇气不断地去改善这一切，因而就出现了今天的电灯、空调、楼阁别墅……

　　社会进入文明时代，人类不再靠与野兽斗争来获得温饱。那么，是不是说，今日的社会就不再需要斗争了呢？不！在今天这个充满竞争机制的社会中，斗争的方法，只会比以前更残酷，斗争的敌人只会比以前更复杂。我们不单要应付来自自然的威胁，更要对付来自社会的阻力。我们随时都可能会遇上失学、失业、失恋，乃至痛失亲人的打击。这个时候，我们唯有拿起斗争这个法宝去抗争、去拼搏。

　　众所周知，汽车工业是一种带动整体工业发展的中间产业。汽车的出现，带动了交通业、钢铁业、电机业、音响设备、制冷，甚至纺织、石化、橡胶等一系列产业链的发展。而且，供养汽车，需要石油、维修、保险以及银行的借贷分期付款计划等金融业务。因而将这些部门也给带动起来。所以，汽车工业发达的国家，其他工业也一定发达。

　　日本人当然熟知这个浅显的道理。在石油危机爆发之前，日本人就已发明了小排量汽车，准备打入美国市场。小排量汽车较之大排量汽车，有耗油少的特性，但在当时石油多如流水的美国。耗油多、耗油少没有什么两样，不同的倒是大汽车要舒适、豪华、气派得多。因而，尽管日本人挖空心思、削尖脑袋想挤进美国市场，但苦苦奋斗了十余年仍未能如愿以偿。日本人在等待时机。

　　在石油危机爆发前的一个月，日本人在美国西海岸各大港口囤积了大约 70 万辆小排量汽车等候上岸推销，但因为无法把握市场时机，没有人敢去提取那些待价而沽的小排量汽车。眼看码头上的小汽车就要变成一堆废铁了，而日本的汽车工业也将面临亏损坐以待毙。这时，爆发了中东石油危机，石油供应的空前紧张，给日本人带来了福音，美国人懂得小排量汽车省油的特殊功能，而不再计较车子的大小舒适问题了。因此，一夜之间，小排量汽车成为抢手货，由一位"嫁不出去的灰姑娘"摇身一变成为"高贵的公主"，身值百倍。于是，在小排量汽车的带动下，整个日本的工业便趁石油危机之机起飞了。

石油危机不仅给日本人带来了诸多的好处，而且使得石油能源本身也得到足够的重视。在这以前，人们总认为全球石油是取之不尽，用之不竭的，即使在那些悲天悯人的预言家们散布了世界的石油将浪费殆尽的恐怖思想后，人们也只是觉得这不过是十分遥远的假设，并没有具体的对策。而当石油危机出现后，尝够苦头的人们终于知道动脑筋去想办法了。各国一方面大力提倡要尽力节省能源，不再作无谓的浪费，另一方面是努力地去找寻石油的替代品，一旦全球石油耗费殆尽时，便可利用水力发电、天然气、煤和核能发电等去替代它。

我国有句俗语，叫作"置之死地而后生"，意思就是告诉我们，即使面对"死地"，也要抱着勇气去拼搏，然后才能获得生存。所以我们说，逆境并不可怕，可怕的是我们缺乏面对逆境的勇气。

## 人生的舵要靠自己掌

《伊索寓言》有一则讲的是：父子二人赶驴到市集去，途中听人说："看看那两个傻瓜——他们本可以舒舒服服地骑驴，却自己走路。"老头子觉得这主意不错，便和儿子骑驴而行。不久，又遇到一些人，其中一个人说："看看那两个懒骨头，把可怜的驴背都快压坏了，没有人会买它。"老头子和儿子商量了一下，便决定用另一种方式前进。他们绑着驴的四足倒挂在扁担上抬着走！临近黄昏时，两个来到市镇附近一座桥边，累得直喘气。过桥时愤怒的驴子挣脱束缚，坠落河中淹死了。

这则寓言就是在提醒世人，你无法讨好每一个人，遇事必须有主见，掌握自己的生命。你能了解自己、把握自己，这才是不变的真理。

你自己的思想和意识，可以在你一生中最重要的时刻起着关键的作用。

如果你坚定不移地面对一些令你困扰的情绪，例如忧虑和沮丧，但你能使这种情绪缓和，而且能够控制。事实上，这可能是一个信号，告诉你将会有新挑战或新机会。

例如：一个 40 岁的男子坦白地告诉朋友，他一直希望做医生，可是怕自己年纪太大："6 年后，我就 46 岁了。"

"即使你不去读医科，"朋友答得很中肯，"6 年后你也是 46 岁啊！"

你一旦能客观地认识自己，一旦能认为自己有能力掌握自己，就会开始看到以前从未发现的机会和潜力，你就会有勇气运用和发挥出自己的力量和创造力。有一首诗中，把这个意思表达得很美：

无论你会做什么，或幻想你会做什么，立刻做吧。

勇气含有天才、力量和魔力。

现在就开始做吧！

## 成功要熬得住

人生在世，谁都会有跌落逆境的时候。人只有经过无数次的打击磨炼后，才会变得更加坚强成熟。我们只要在失败面前不灰心、不悲观、不消极，才能在最后有收获、有成功。

中国有一句老话，"三十年河东，三十年河西"，这句告诉我们虽然目前处于不幸的逆境中，但终究会有峰回路转的一天。对前途抱乐观的希望，忍耐现在的痛苦，等待时来运转是十分有价值的。

人们常说的"失败是成功之母"，这不是甜美的格言，而是通过辛酸苦辣的生活得到的真理。人生中经过一次失败，便加一份知识长一份经验。失败越多取得成就的可能性也越大。

成功的机会对于每个处在艰难困境中的人都是均等的，但是，成功并不是每个人都能获得，它属于坚忍者。在逆境中崛起必须有坚忍之志，而坚忍之志来源于对理想孜孜不倦的追求。有了坚忍之志，才能战胜险恶的环境，才能在逆境中崛起。

在时间就是金钱的现代社会里，一切讲求快速。放眼望去，吃的是速食面；读的是速成班；走的是捷径；渴望的是一夜暴富。

老祖宗告诉我们，鸡肉要用小火慢慢地炖，才会好吃；拜师学艺，至少要3年以上才会有成；任何工匠，讲究的是慢工出细活。可是，我们已经把这套宝贵的生活哲学遗忘了。

在今天，人们厌倦了脚踏实地按部就班；处处显得浮躁马虎，急功近利。

有个小孩在草地上发现了一个蛹，他捡回家，要看蛹如何化成蝴蝶。

过了几天，蛹上出现了一道小裂缝，里面的蝴蝶挣扎了好几个小时，身体似乎被什么东西卡住了，一直出不来。

小孩于心不忍，心想："我必须助它一臂之力。"于是，他拿起剪刀把蛹剪开，帮助蝴蝶脱蛹而出；可是它的身躯臃肿，翅膀干瘪，根本飞不起来。

小孩以为几小时以后，蝴蝶的翅膀会自动舒展开来，可是他的希望落空了，一切依旧，那只蝴蝶注定只能拖着臃肿的身子与干瘪的翅膀，爬行一生，永远无法展翅飞翔。

大自然的道理是非常奥妙的，每一个生命的成长都充满了神奇，瓜熟蒂落，水到渠成；蝴蝶一定得在蛹中痛苦地挣扎，一直到它的双翅强壮了，才会破蛹而出。这些都是成长必经的过程。

忍耐是争取时间的方法，是创造时机等待机会的方法，正如拿破仑所说："战争的成败仅在最后 15 分钟，因为坚持到最后的才是胜利者。"

每一件新事物的产生都会程度不一地给予人们久已习惯的事物和观念以极大的冲击，令人们无法接受。成功的道路是孤独的，脚下的路必须自己走，无数日与夜的煎熬，多少怀疑和不解，都必须承受。"高处不胜寒"，高手从来都是孤独的。

成功的道路不会是鲜花遍地，彩霞满天，内因外难从各个方面向你袭来，令你不胜负荷，不堪忍受。

渴望成功的人们，正在逆境顽强跋涉的人们，千万别气馁，请将"忍"字深锲在心头。


## 错误中也藏有机会


在一般人的眼里，错误导致的是失败与逆境。所谓"一着走错，满盘皆输"。有时一个错误可能导致你在逆境中很长时间挣扎不出来。

然而，犯错误仿佛又是人的一种天性，这个世界上绝对没有不犯错误的人，但人们对待错误的态度不一样，就导致了在抓住和创造机会结果方面大不一样。

"王致和"臭豆腐今天已是许多人喜欢的"闻起来臭吃着香"的美味，但或许很少有人知道，这臭豆腐竟然是由一次错误而生产出来的：

相传康熙年间，安徽青年王致和赴京应试落第后决定留在京城，一边继续攻读，一边学做豆腐谋生。

可是，他毕竟是个年轻的读书人，没有经营豆腐生意的经验。夏季的一天，他所做的豆腐还剩下不少，只好用小缸把豆腐切块腌好。但日子一久，他竟把这缸豆腐忘了，等到秋凉时想起来了，腌豆腐已经变成了"臭豆腐"。

王致和十分恼火，正欲把这"臭气熏天"的豆腐扔掉时，转而一想，虽然臭了，但自己总还可以留着吃吧。于是，就忍着臭味吃了起来，然而，奇怪的是，臭豆腐闻起来虽有股臭味，吃起来却非常香，味道鲜美。于是，王致和便拿着自己的臭豆腐去给自己的朋友吃。好说歹说，别人才同意尝一口，没想到所有人在捂着鼻子尝了以后，都纷纷赞不绝口，一致公认此豆腐美味可口。

王致和借助这一错误，改行专门做臭豆腐，生意越做越大，而影响也越来越广，最后，连慈禧太后也闻风前来尝一尝这难得一见的臭豆腐，对其大为赞赏。

从此，王致和与他的臭豆腐身价倍增，还被列为御膳菜谱。直到今天，许多外国友人到了北京，都还点名要品尝这所谓"中国一绝"的王致和臭豆腐。

因为一个小小的错误，王致和改变了自己的一生。事实上，与王致和相同经历的人比比皆是，为什么独有王致和能够看到并抓住了这样一个因为错误而产生的机会呢？原因有两点。

一是王致和的细心。

在他发现臭豆腐坏了以后，并没有一气之下将其扔掉，而是留下来并品尝了一口，结果发现臭豆腐居然如此"香"。

二是王致和独具慧眼。

事实上，王致和的臭豆腐，有许多人是完全接受不了这股臭味的，哪怕今天仍是如此，但王致和认为，自己能接受，就一定会有人接受，所以一定会有市场，这也体现出王致和有敢于冒险的精神。

所以，错误本身虽然能够产生机会，但这种机会是隐藏着的，只有细心和独具慧眼的人才能从错误中发现机会，抓住机会。事实上，机会往往是一种稀缺的、条件苛刻的社会资源，要得到它，必须付出相当的代价和成本，必须具备相应的资格，而"将错就错"，能够在错误中找寻新的机会，无疑就是至关重要的一个关卡。

错误往往是正确的先导。而那些怕犯错误的谨小慎微者，很少能有创造奇迹获得成功的机会。

美国加利福尼亚州门罗公园"创造性思考"公司创办人兼总经理罗杰·冯·伊区在《如何激发创造力》中认为把犯错误列为禁锢开创精神的"心智枷锁之一"，他说："如果你不经常犯错误，你就无法发挥潜力。"

事实上，错误本身并不可怕，怕的是人们自认为错误的心理，一旦犯了错误就认定已经是错误的了，自暴自弃不再去做过多的努力。也许，在你犯错误的时候，机会或许已经悄然来到你的身边，只要分辨是非主动改变错误，才能抓住这来之不易的千金难得的机会！

第五章

# 成功不止一条路

每种逆境，都会有等量利益的种子。——拿破仑·希尔

中国古代传说中，有一种叫"泥鱼"的动物。每当天旱，池塘里的水逐渐干涸时，其他鱼类都因失水而丧失了生命，泥鱼却依然悠闲自得，它只要找到一块足以容身的泥滩地，便把整个身体藏进泥中不动。由于它躲藏在泥中动也不动，处于一种类似休眠的状态，所以，可以待在淤泥中半年、一年之久而不死。

等到天下了雨，池塘中又积满了水，泥鱼便慢慢从泥中钻出来，重新活跃在池塘中。其他死去鱼类的尸体成了它最好的食物。这时它很快繁殖，成为池塘中的占有者和统治者。

物竞天择，适者生存。由于泥鱼有这种适应天道的能力，所以成为有不死之身的奇鱼。泥鱼的聪明之处就是懂得应变之术。

人在逆境之中，能不能随着外界的变化及时调整自己的行为，以维护自身的利益，这是聪明和愚蠢的分别。不管具体情况如何，抱着既定的条条框框，不调整变革"一条道儿跑到黑"，这是蠢人的做法；以自身利益为核心，以外界环境的变化为参数，本着灵活机动、具体问题具体分析的原则，进退自如，随机取舍，这是聪明的行为。

## 学会绕道而行，迂回前进

一次，我从城东乘出租车去城西参加一个重要会议。因为时间较紧，我

嘱咐司机找一条最快的路。"那么，只有走小路了，不过要绕多一点距离。"我奇怪地问为什么走小路比大路更快。司机说："现在是上班时间，大路上的私家车和大巴多，容易堵车，因此要想快的话最好是走绕一点的小路，因为小路车少不堵反而会更快一点。"司机的话给我上了一场人生哲理课。

鲁迅先生曾说过："其实地上本没有路，走的人多了，也便成了路。"而世间之路又有千千万万，综而观之不外乎两类：直路和弯路。

毫无疑问，人们都愿走直路，沐浴着和煦的微风，踏着轻快的步伐，踩着平坦的路面，这无疑是一种享受。相反，没有人愿意走弯路，在一般人眼里弯路曲折艰险而又浪费时间。然而，人生的旅程中是弯路居多，所以人要学会绕道而行。

学会绕道而行，迂回前进，适用于生活中的许多领域。比如，当你用一种方法思考一个问题和做一件事情时，如果遇到思路被堵塞之时，不妨另用他法，换个角度去思索，换种方法去重做，也许你就会茅塞顿开，豁然开朗，有种"山重水复疑无路，柳暗花明又一村"的感觉。

在一次欧洲篮球锦标赛上，保加利亚队与捷克斯洛伐克队相遇。当比赛只剩下8秒钟时，保加利亚队仅以2分优势领先，按一般比赛规则说来已稳操胜券，但是，那次锦标赛采用的是循环制，保加利亚队必须赢球超过5分才能取胜。可要用仅剩的8秒钟再赢3分绝非易事。

这时，保加利亚队的教练突然请求暂停。当时许多人认为保加利亚队大势已去，被淘汰是不可避免的，该队教练即使有回天之力，也很难力挽狂澜。然而等到暂停结束，比赛继续进行时，球场上出现了一件令众人意想不到的事情：只见保加利亚队拿球的队员突然运球向自家篮下跑去，并迅速起跳投篮，球应声入网。这时，全场观众目瞪口呆，而全场比赛结束的时间到了。但是，当裁判员宣布双方打成平局需要加时赛时，大家才恍然大悟。保加利亚队这一出人意料之举，为自己创造了一次起死回生的机会。加时赛的结果是保加利亚队赢了6分，如愿以偿地出线了。

如果保加利亚队坚持以常规打完全场比赛，是绝对无法获得真正的胜利的，而往自家篮下投球这一招，颇有迂回前进之妙。在一般情况下，按常规办事并不错，但是，当常规已经不适应变化了的新情况时，就应解放思想，打破常规，善于创新，另辟蹊径。只有这样，才可能化腐朽为神奇，在绝望的困境中寻找到希望，创造出新的生机，取得出人意料的胜利。

当我们在生活中遇到无路可走的情况时，回过头来，绕道而行便可以找到一条新路，所以世上只有死路没有绝路，而我们之所以常常会感到面对"绝路"，那是因为我们自己把路走绝了，或者说我们缺乏了"绕道"迂回的意识。

《孙子兵法》中说："军急之难者，以迂为直，以患为利。故迂其途，而诱之以利，后人发，先人至，此知迂直之计者也，"这段话的意思是说，军事战争中遇到最难处理的局面时，可把迂回的弯路当成直路，把灾祸变成对自己有利的形势。

美国硅谷专业公司曾是一个只有几百人的小公司，面对强大的半导体器材公司，显然不能在经营项目上一争高低。为此，硅谷专业公司的经理决定避开竞争对手的强项，并抓住当时美国"能源供应危机"中节油的这一信息，很快设计出"燃料控制"专用硅片，供汽车制造业使用。在短短5年里，该公司的年销售额就由200万美元猛增到2000万美元，成本则由每件25美元降到4美元。由此可见，虽然经商者寻求的是不断增加盈利，然而经营者在激烈的竞争中每前进一步都会遇到困难，很少有投资者能以单一经营方式发展取胜，因此迂回发展是大多数经商者都走过的相同的道路。

在逆境当中，我们也应有迂回前进的概念，凡事不妨换个角度和思路多想想。世上没有绝对的直路，也没有绝对的弯路。关键是看你怎么走，怎么把弯路走成直路。有了绕道而行的技巧和本领，弯路也成了直路了。

绕道而行，并不意味着你面对人生的逆境望而却步，也并不意味着放弃，而是在审时度势。绕道而行，不仅是一种生活方法，更是一种豁达和乐观的生活态度和灵活应变的处事理念。大路车多走小路，小路人多爬山坡，以豁达的心态面对生活，敢于和善于走自己的路，这样你永远不会是一个失败者，而是一个勇于开拓的创新者。

## 不要做顽固不化的人

我们形容顽固不化的人常说他是"一条路走到黑……""不撞南墙不回头"，甚至"撞上南墙也不回头"。这些人有可能一开始方向就是错误的，他们注定不会成大事。南辕北辙、背道而驰固然不行，方向稍有偏差，也会"失之毫厘，谬之千里"。还有一种可能是当初他们的方向是正确的，但后来环境发生了变化，他们不能适时调整方向，结果只能失败。杜邦家族就懂得这个道理，他们懂得随机应变。"我们必须适时改变公司的生产内容和方式，必要的时候要舍得付出大的代价以求创新。只有如此，才能保证我们杜邦永远以一种崭新的面貌来参与日益激烈的市场竞争。"这是一位杜邦权威对他的家族和整个杜邦公司的训诫。事实正是如此，世界上很少有几家公司能在为了创新求变而开展的研究工作上比杜邦花费更多的资金。每天，在威尔明顿附近的杜邦实验研究中心，忙碌的景象犹如一个蜂窝，数以千计的科学家和助手们总是在忙于为杜邦研制成本更低廉的新产品。数以千万计美元的科研投入终于换来了层出不穷的新发明：高级磁漆、奥纶、涤纶、氯丁橡胶以及革新轮胎和人造橡胶。这里还产生了使市场发生大变革的防潮玻璃纸，以及塑料新时代的象征——甲基丙烯酸。也正是在这里研制成了使杜邦赚钱最多的产品——尼龙。

那是在 1935 年，杜邦公司以高薪将哈佛大学化学教师华莱士·C.卡罗瑟斯博士聘入杜邦。此时卡罗瑟斯正在着手研制了一种人造纤维，它具有坚韧、牢固、有弹性、防水及耐高温等特性。不久卡罗瑟斯走进杜邦经理室时兴奋地说，"我制成人造合成纤维啦。"杜邦的总裁拉摩特祝贺卡罗瑟斯博士取得成功的同时，微笑着说："杜邦永远都需要像博士这样善于创新的人。继续努力吧，博士，我们需要更能赚钱的产品。"于是，卡罗瑟斯用了杜邦 2700 万美元的资本，又用了他自己 9 年潜心研究的心血，研制出了更能适应杜邦商业需要的新产品——尼龙。世界博览会上，杜邦公司尼龙袜初次露面就立刻引起了巨大的轰动。

一个真正的企业家不仅要有经营管理的才能，更需要有一种远见卓识的商业预见能力。正如杜邦公司第六任总裁皮埃尔所言："如果看不到脚尖以前的东西，下一步就该摔跤了。"的确，在日趋激烈的商业竞争中，如果没有一定敏锐的眼光，不能作出比较切合实际的预见，那企业是很难发展下去的。

第一次世界大战使杜邦公司很快地赚了一大笔，然而，杜邦并没有满足于暂时的超额利润。早在大战初期，皮埃尔就已意识到战神阿瑞斯总有一天要收兵，不再撒下"黄金之雨"，于是他开始使公司的经营多样化，一方面他紧盯着金融界，一心要打入新的市场，开辟新领域；另一方面他必须为杜邦公司开辟一块有着扎实根基的新领域。几经斟酌，皮埃尔选定了化学工业作为杜邦新的发展方向，他要将杜邦变成一个史无前例的庞大化学帝国。

"我们不能在求变创新的同时把企业引向死胡同，我们的创新变革必须有相当充分的依据。"皮埃尔如此说，事实上他的选择也正印证了这一点。

杜邦之所以将军火生产转向了化学工业，一则因为化学工业与军工生产关系密切，转产容易，不必作出重大的放弃行为，而且将来一旦烽火再起，再回头生产军火也很方便，不需太大变动；二则其他行业大多被各财团瓜分完毕，唯有化学工业比较薄弱，且潜力极大。事实上，杜邦家族第二代由于经营化工用品而发迹的家史，就证明了这一转变是极为成功的。

也许是杜邦家族财大气粗的缘故吧，杜邦公司求变创新的主要途径便是不惜重金，但求购得。杜邦不仅要买新产品的生产方法，还要买产品的专利权，甚至连新产品的发明者也一并买回为杜邦效力。1920 年杜邦与法国人签订了第一项协议，以 60% 的投资额与法国最大的粘胶人造丝制造商——人造纺织品商行合办杜邦纤维丝公司，并在北美购得专利权。在法国技术人员指导下，杜邦家族在纽约建立了第一家人造丝厂。人造丝的出现，引起了从发明轧棉机以来纺织工业最大的一次技术革命，导致了 1924 年以后棉纺织业的衰落。杜邦公司又赶紧买进法国人的全部产权，以微小的代价，购得了美国国家资源委员会在 1937 年列为 20 世纪 6 大突出技术成就中的一项，它与电话、汽车、飞机、电影和无线电事业居于同等重要的地位。接着，杜邦公司如法炮制，将玻璃纸、摄影胶卷、合成氨的产权买回美国，一个真正的化学帝国建立起来了。

当第二次世界大战的乌云在欧洲云集的时候，杜邦公司的又一次适时求变，大刀阔斧地转向军火工业，大转换速度之快足以令人瞠目结舌。一年之间，杜邦公司召集了 300 个火药专家，将庞大的化学帝国变成了世界上最大的军火工业基地。

杜邦在生产内容和方式上的创新及前面讲过的形象改变，是杜邦家族半个多世纪以来得以保持辉煌的关键。

## 善于变通才会赢

《周易·系辞下》有云：穷则变，变则通，通则久。意思是事物到了尽头就会发生变化，变化就能通达，通达了就能长久。先人们大约是认为竹简太金贵了，所以惜墨如金，区区的九个字，却包含了无穷的智慧。任何事物都有一个发生、发展、衰落的过程，大到国家社会、小到个人都是这样。在事物发展到衰落阶段时，就要寻求变化以谋出路。如果一味坚持原来的旧规矩而不思变化，只能僵化致死；反之，如果能适应环境的变化而改变策略，革故鼎新，就能立于不败之地。

以不断变通的思想要求自己，让自己不断探寻新的思路，就可以突破原有的成就，将自己提升到另一个高度，创造出新的辉煌。

法国贝纳德古·塔兹做邮购唱片生意，一干就是10年，尽管他很努力，但仍旧两手空空。塔兹想："总跟在别人后面跑，不是办法啊！为什么不另起炉灶，走一条自己的路呢？"于是他下定决心向其他同行不愿意涉足的领域进军。

市内的艺术馆保留了许多欧洲中世纪的风琴音乐作品，其中很大一部分与宗教艺术有关，却很少有人问津。塔兹尝试着制作了这一类作品的唱片，投放市场后，备受老年顾客和外国游客的青睐，因此他大受鼓舞。于是塔兹就地取材，把开发"稀有曲目"作为自己的经营方向。

在经营过程中，塔兹本着不搞噱头，曲目和录音都以追求品质为首要任务的方针开展生意，结果不但扩大了业务，还挖掘了许多"冷僻乐曲"，挽救了不少面临失传的"宗教音乐资产"。到如今，塔兹在欧美的6个国家设有分公司，本人也获得了"唱片大王"的美称。

沃尔伍兹是一家五金商行的小职员，他只想当一名称职的员工。当时他们的商店积压了一大堆卖不出去的过时产品，这让老板十分烦心。沃尔伍兹看到这些产品，顿时产生了一个新的想法，他想如果把这些东西标价便宜一些，让大家各取所需自行选择，肯定会有好的销路。

他对老板说："我可以帮您卖掉那些东西。"老板听了他的主意后同意了。于是他在店内摆起了一张大台子，将那些卖不出去的物品都拿出去，每样都标价 10 美分，让顾客自己选择自己喜欢的商品，这些东西很快就销售一空。后来他的老板又从仓库里寻找一些积压多年的物品放在这张台子上，也都很快销售一空。

于是沃尔伍兹建议将他的新点子应用在店内的所有商品上，但他的老板害怕此举用于新产品会给他的生意带来损失，因此拒绝了他的建议。于是沃尔伍兹用自己的想法来独立创业！

沃尔伍兹找来了合伙人，经过努力他很快就在全国建立起多家销售连锁店，赚取了大量的利润。他的前老板后悔地说："我当初拒绝他的建议时所说的每一字，都使我失去了一个赚到 100 万元的机会。"

上面的那些故事告诉了我们这样一个道理：人活一世，生存环境不断变迁，各种事情接踵而来，因循守旧、不知变通是无论如何都行不通的。生活中有一些人总是失败，就是因为他们顽固不化、按图索骥、墨守成规，不会变通，从而把自己的道路堵死，结果导致自己寸步难行。其实一些旧思想、旧规矩都是可以打破的，只要我们做事变通而不反常规，灵活而不违原则，这样就能符合时代的变迁和社会的发展。

在这个复杂多变的社会，只有随机应变、机灵通达才能让我们立足于世，并且生活得越来越好。

## 不被思维惯性所束

思维枷锁其实就是一种思维模式，它的最大特点是形式化的结构和强大的惯性。当我们面临新情况、新问题而需要开拓创新的时候，它总会让我们的思路拘泥于条条框框，它就是一只思维创新的"拦路虎"。

小李大学毕业后，到了一家公司从事产品推销工作，虽然推销和他所学的专业不对口，但他对推销工作热情很高，总是想方设法地用心去完成任务。到了年底，小李超额完成了任务，被公司评为"先进个人"。公司领导为了鼓励先进，破格将小李从推销员提升为科长。几位同学怎么也想不明白，大家一块进了这家公司，在同一条起跑线上，又从事同一种推销工作，为什么小李会有如此骄人的成绩呢？这其中有什么秘诀呢？

后来人们才发现，原来小李推销产品和别人的思维方式不一样，在别人看来小李的方法既愚笨又可笑，可小李不那么认为，他想，循规蹈矩的方法人们习以为常，收效甚微，他要用自己愚笨的方法去打动别人。事实证明小李的做法是成功的，最后好多商家和小李成了长期的合作伙伴。

那么小李到底是怎么做的呢？刚开始小李和大家的做法一样，整天拿一张价目表到处寻找商家，几乎都被婉言谢绝了。他不甘心失败，在心里一直苦苦地思索一个问题，怎样才能打动商家，让他们接纳自己呢？后来，一个想法在他的脑海里出现了，他借了一辆人力三轮车，将自己所推销的产品装在车上，每到一个商家，不管三七二十一，他将自己的产品往里搬，商家感到莫名其妙，没有人订货呀！是不是送错地方了？可小李振振有词：这是我们公司生产的产品，我是做推销工作的，你是否需要我们的产品？有时候商家想拒绝他，可又不忍心看到他搬东西满头大汗的样子，于是，或多或少地要了一点他的产品，时间长了，这位商家认可了小李这个人，以后的供货商就他了。小李用同样的办法打动了众多的商家，他的产品销量直线上升，最后小李成了名副其实供货商。

看似愚笨的方法，往往被人们所忽视，殊不知这里边包含了许多商机，小李就是一个成功的例子。如果说，他一直循规蹈矩，那么他也只会是一个平庸者，问题的关键是，小李打破了自己的思维枷锁，用另一种方法让别人接受了他，最终他成功了。

现实生活中，人们之所以平庸或者失败，是因为人们被常规的思维枷锁所束缚，使自己裹足不前。

有一个修锁匠叫坎贝尔，他有一手绝活，能在短时间内打开无论多么复杂的锁，从未失手。他曾夸口说在 1 小时之内，可以从任何锁中挣脱出来，条件是让他带着特制的工具进去。

有一个小镇的居民，决定打击坎贝尔的气焰，有意让他难堪一回。他们特别打制了一个坚固的铁牢，配上一把看上去非常复杂的大锁，请坎贝尔来看看能否从这里出去。

坎贝尔想都没有想就接受了这个挑战。走进铁牢后，坎贝尔取出自己特制的工具，开始工作。半小时过去了，坎贝尔用耳朵紧贴着锁，专注地工作着；45 分钟，1 小时过去了……坎贝尔没有像他先前所说的那样能从锁中挣脱出来，相反，他的头上开始冒汗，因为他从来没有如此狼狈过；2 小时过去了，坎贝尔依旧没有打开这把锁。他筋疲力尽地将身体依靠在门上坐下来，结果牢门却顺势而开。这是怎么回事？原来，小镇居民根本没有将这个牢门上锁，那把看似很厉害的锁也只是一个摆设而已。

小镇居民成功地捉弄了自负的坎贝尔。

坎贝尔为什么被小镇居民捉弄？就在于他只想到那把看上去非常复杂的锁。他固定的思维告诉他，只要是锁，就一定是锁上的。其实，门没有上锁，只是坎贝尔大脑上了锁。

科普学家阿西莫夫从小就很聪明，智商测试得分总在 160 分左右，属于"天赋极高"之列。有一次，他遇到一位熟悉的汽车修理工。修理工给阿西莫夫出了一道题：一位聋哑人想买几根钉子，就对售货员做了一个手势——左手食指立在柜台上，右手握拳做出敲击的动作。售货员见状，拿来一把锤子，聋哑人摇了摇头，于是售货员明白了他想买钉子。聋哑人走后来了一位盲人，他想买一把剪刀，他会怎么做呢？阿西莫夫立即回答："他肯定会这样——"他伸出食指和中指，做出剪刀的形状。汽车修理工听了阿西莫夫的回答后开心地笑起来："哈哈，你答错了！盲人想买剪刀，只要开口说'我要剪刀'就行了，为什么做手势呀？"阿西莫夫脸涨得通红。修理工接着说："其实在问你之前我就知道你肯定答不对，因为你受的教育太多了，不可能很聪明。"

汽车修理工说的没错，阿西莫夫受的教育太多了，所以答不对。其实，汽车修理工说的"教育"就是思维定式，当我们被思维定式锁住的时候，我们的思维不可能很灵活，头脑不可能很聪明。要想有创新思维，就要打破思维枷锁。正如法国生物学家贝尔纳所说："妨碍人们学习的最大障碍，不是未知的东西，而是已知的东西。"

一位心理学家同时问了 100 名高中生和 100 个幼儿园小朋友一道题：某位举重运动员有一个弟弟，但是这个弟弟却没有哥哥，这是怎么回事？测试结果令人吃惊，高中生的考虑时间和错误率都高于幼儿园小朋友。"经验"让高中生认为举重运动员是男性，而小朋友学到的东西少，没有这种经验，因此不受它的束缚。

我们无论做什么事情，都免不了要学习。但是因为学习的内容太多，使得思想被一种叫作"经验"的枷锁束缚了。这一例子充分地说明了受思维枷锁束缚的危害。

## 有时距离最短的是曲线

这是一个美国小伙子的故事。他小时候的梦想是当一名出色的教师，可他从师范学院毕业后，却改变了初衷，前往丹佛市国际函授学校应聘，当上了一名函授课推销员。他为此付出了最大的努力，但业绩并不理想。

第二年，在一名老资格推销员的指点下，他来到奥马哈为阿摩尔公司推销火腿、肥皂和猪油，并被指派到南达可达州西部一个恶劣的地域开展工作。凭着从小对家畜的熟悉，很快，他就打开了那里的市场，业绩由区域第25名，跃升至第1名。

当公司决定提升他为区域经理时，他却不顾父母的极力反对，作出了一个令人瞠目结舌的决定：用积攒下来的钱，去尝试做一名演员。没做多久，他意识到自己在戏剧行当没有前途，又决定尝试一种更有意义的生活，以实现他儿时的梦想。接下来，他白天写书，晚间去夜校教书，以赚取生活费用。在教书期间，他发现：培养一个人的人际关系、处世技巧，对成年人来说是一门十分重要的人生必修课。于是，他说服纽约一家基督教青年会的会长，尝试着开办起了公开演讲课。独特的互动式教学方法，使他一炮走红。

不久，他成为一名享有盛誉的讲师。

与此同时，为提高自身素养，他报名到哥伦比亚大学选修新闻学，又到纽约大学选修短篇小说课程。他的写作水平因此得到了显著提高，不久，他的文章开始在一些报刊上发表。28岁那年，他与普林斯顿大学讲师罗维尔·汤玛斯一起策划了一项关于"二战"时的战争故事与轶事的演讲，这项演讲获得了成功，使他名声大振。

34岁时，他正式成立了自己的培训机构。在其后的20年里，他的培训机构如雨后春笋般发展成为全国性的机构。他的《人性的弱点》《人性的优点》等主要著作，传遍全美，并跨越国界，成为全世界成人教育的经典教材。

他就是美国著名成人教育家，开创融演讲术、推销术、做人处世术、智力开发术等为一体的独特教育模式的戴尔·卡耐基。

卡耐基的成功看似偶然，其实却有着必然性。他的推销经历、演员经历、讲师经历、巡演经历、写作经历等，这些看似与成功不相关的经历，却连成了一条弯弯的路线，它的终点便是梦想成真。

人生中，通向成功的道路从来都不会是直线，许多时候，曲线才是抵达成功的捷径。

当你有了长远的人生规划后，要做的第一件事就是告诫自己不要急躁。要知道，人生旅途中是没有那么多捷径的。人生就像是爬山，我们沿着曲折的山路，拐许多弯，兜很多圈，有时觉得好似都背离了目标——那最高的山峰，其实，你是离目标越来越近了。懂得兜圈子、绕道而行的你，往往是第一个登上山峰的人；那些不懂而硬爬的人，往往会反复掉落，摔得头破血流。

北京是一个人多车多的大城市，曾经我与一个同事为了赶时间去参加一个研讨会，决定打的去。本来从二环进三环都是大道，最多二十多分钟车程，可司机却执意要绕一个大圈子。

我问司机："您是不是走错了？"

司机说："您是要按直线走还是要赶时间？您如果按直线走，根据现在交通塞车情况，您到那里可能会也快开完了。我比您熟悉北京的大小街道，我绕这个大圈子的目的就是为了让您赶在开会前到达。"

我豁然开朗，急忙谢谢师傅。其实人在做事时很多时候又何尝不是这样呢？绕几个弯，走一条意料之外的曲线，往往能提前到达目的地，更容易接近成功。

## 凡事不能太较真

前几天，碰到一个老同学，说起社会上的很多不公平现象。老同学说，他是一个直爽的人，凡事爱说真话，所以在现实生活中总爱碰壁。我劝他：凡事想开些，别太认死理，别那么较真，别做生活中的"二愣子"。

所谓"二愣子"，是形容一个人愣头愣脑、性格倔强、认死理、喜欢抬杠、做事考虑不周、不计后果。

生活中不少场合，你不要认真，不能认真，更不能较真。相反，你不认真，不计较，避开风头和锋芒或反其道而行之，矛盾反而迎刃而解，气氛一下就完全改变，达到了新的和谐。做事不要太认死理，也不要太较真，这正是有些人生活并不富足却活得潇洒的原因。

人非圣贤，孰能无过。与人相处就要互相谅解，经常以"难得糊涂"自勉，求大同存小异。有度量能容人，你就会有很多朋友；相反，"明察秋毫"，眼里不揉半点沙子，过分挑剔，什么鸡毛蒜皮的小事都要争个是非曲直的人，人家也会躲你远远的，最后，你只能关起门来"称孤道寡"，成为人人避之唯恐不及的异己之徒。

做事固然不能玩世不恭，游戏人生，但也不能太较真，认死理。太认真了，就会对什么都看不惯，连一个朋友都容不下，把自己同社会隔绝开。镜子看上去很平，但在高倍放大镜下，就成了凹凸不平的山峦；肉眼看很干净的东西，拿到显微镜下，满目都是细菌。试想，如果我们"戴"着放大镜、显微镜生活，恐怕连饭都不敢吃了。再用放大镜去看别人的毛病，恐怕许多人都会被看成罪不可恕、无可救药的了。

在一本书上读过一个孔子的故事，虽然明显是现代人编造的，但读后启发很深：

孔子带众弟子东游，走累了，肚子又饿，看到一酒家，孔子吩咐一弟子去向老板要点吃的。这个弟子走到酒家对老板说：我是孔子的学生，我们和老师走累了，给点吃的吧。老板说："既然你是孔子的弟子，我写个字，如果你认识的话，随便吃。"于是写了个"真"字，孔子的弟子想都没想就说：这个字太简单了，"真"字谁不认识啊，这是个真字。老板大笑："连这个字都不认识还冒充孔子的学生。"吩咐伙计将之赶出酒家。

孔子看到弟子两手空空垂头丧气地回来，问后得知原委，就亲自去酒家，对老板说："我是孔子，走累了，想要点吃的。"老板说："既然你说你是孔子，那么我写个字如果你认识，你们随便吃。"于是又写了个"真"字，孔子看了看，说这个字念"直八"，老板大笑："果然是孔子，你们随便吃。"

弟子不服，问孔子：这明明是"真"嘛，为什么念"直八"？

孔子说："这是个认不得'真'的时代，你非要认'真'，焉不碰壁？处世之道，你还得学啊。"

这虽是个杜撰的故事，但也说明了一个道理，那就是凡事不能认死理，太较真。

有位同事总抱怨他们家附近小店卖酱油的售货员态度不好，像谁欠了她巨款似的。后来同事的妻子打听到了女售货员的身世，她丈夫有外遇，和她离了婚，老母瘫痪在床，上小学的女儿患哮喘病，每月只能开四五百元工资，一家人住在一间 15 平方米的平房里。难怪她一天到晚愁眉不展。这位同事从此再不计较她的态度了，甚至还建议大家都帮她一把，为她做些力所能及的事。在公共场所遇到不顺心的事，实在不值得过度较真生气。有时素不相识的人冒犯你，其中肯定是另有原因。

我老家有一个妇女，十分固执，只认死理，特爱较真。在家和老公因为孩子穿凉鞋还是穿球鞋要较真，在村里为一点小事要和邻居争个是非曲直。人是个很好的人，就是这个毛病让不了解她的人认为她很怪，难以相处。其实，她不明白，很多事情争赢了又怎么样呢？可能失去的更多。

清官难断家务事，在家里更不要认死理，否则就愚不可及。家人之间哪有什么原则与立场的大是大非问题，都是一家人，非要分出个对和错来，又有何用？处理家庭琐事要采取"绥靖"政策，安抚为主，大事化小，小事化了。家是避风的港湾，应该是温馨和谐的，千万别把它演变成充满火药味的战场。

如果我们明确了哪些事情可以不认真，可以敷衍了事。我们就能腾出时间和精力，全力以赴认真去做该做的事，我们成功的机会和希望就会大大增加；同时，由于我们变得宽宏大量，人们就会乐于同我们交往，我们的朋友就会越来越多，事业的成功伴随着社交的成功，岂非人生一大幸事？

## 山不过来，我过去

有位哲人说，做人要像山一样，做事要像水一样。山是挺拔巍峨的，水是流动多变的，这句话告诉我们，做人要有原则，做事要灵活多变。

很多年前，我曾听过这样一个故事：曾经有一位禅师对大伙儿说自己法力无边，能将附近的一座大山在某年某月的某一天移到自己的跟前。大家虽都不信，但也想看看这位禅师究竟会怎样做，于是很多人都去看禅师移山。此后每一天，大家看到禅师都对着山凝神运气，口中念念有词："山过来，山过来，山过来……"

眼看着承诺的时间一天天临近，大伙儿依然没看到山有一点前移的迹象，于是看他的人一个个离开了，很多人都觉得禅师欺骗了自己。此后的每一天，禅师依然努力地喊着，声音更大了，也更虔诚了，但是山仍然没有一丝一毫的移动。

最后一天终于来到了，绝大多数人都已经失望地离开了，只有一个小伙子依然坚守着，因为他相信老禅师一定会给他惊喜的。傍晚时分，禅师突然大叫一声："山不过来，我过去！"，随即迅速向山脚下冲去。几分钟后，愣在那里的小伙子惊呆了，因为他看到山虽然没有移动，但分明已经在禅师的面前了。

这是一个不可思议的故事，很多年过去了，我总会时不时地想起它，想起老禅师说的那句话："山不过来，我过去"。我总觉得有一种强大的力量在吸引着我。如今再细细想想，这个故事确实给了我很多启示，最主要的一点就是：做事要灵活多变。

老禅师不是神仙，自然知道山不会跑到自己跟前。他这么做其实就是要人们懂得，做事不能太死板，应该灵活多变，达到目的才是最重要的。

比如教师在教育孩子时，经常会给学生提出一些要求（或者一些任务），当大多数孩子能完成，只有个别孩子没有完成时，一些老师会想：这个孩子怎么这么笨啊！于是很多时候会用同样的要求去逼孩子完成任务，完不成时甚至还会惩罚学生，以期达到目的。其实久而久之，大家都知道结果是适得其反的。

一个人做人做事固然要往光明正大的坦途上走，可惜往往一不小心就发生偏离而得到相反的结果。这里特别提出忠告，一个人即使能做到不偏不颇，也要善于运用一些小聪明，小聪明里面往往蕴涵着大智慧，能把做不好的事情做好，能把做不成的事情做成。

相传包拯在定远县任县令时，用"前夫"和"后夫"巧排迷阵，妙点鸳鸯谱，成全了一桩美满姻缘，其佳话流传至今。

定远县王员外的女儿貌美心善，自幼许配给了李员外的儿子李侃。李侃生得一表人才，且聪慧好学，是王员外意中的乘龙佳婿。可惜天有不测风云，后来李员外家道中落，王员外嫌贫爱富，赖婚后将王小姐许配给了翟秀才。

王小姐与李侃从小青梅竹马，少男少女的纯真友情已被岁月深化成了至死不渝的爱情。所以，王小姐据理抗婚。然而父母之命，一个弱女子又怎能抗争得过？王小姐终日以泪洗面，茶饭不思……而翟秀才那边却已择好了良辰吉日。在他前去娶亲的那天，李侃终因放不下心上人，一张状子送到衙内，告王员外赖婚、翟秀才抢人。

包拯看罢状子，又细问了情况后，传令李侃、王小姐、翟秀才一起上堂。包拯先对翟秀才晓之以理："李侃是王小姐的前夫，婚约在先。你身为秀才应知书达理，还是成人之美吧！"翟秀才根本不听包拯善意的劝说，分辩道："凭什么告我抢人？是王小姐自愿的。"包拯借机说："那好，既然这样，就请王小姐自认吧。"

包公依计行事，让他们呈竖排跪着：前头是翟秀才，中间是王小姐，末后是李侃。然后他对王小姐说："请你听好，你是愿与前夫陪伴终身，还是愿与后夫白头偕老，本官决定由你自选。一旦认定，落文为凭。"王小姐听罢，即刻说愿与李侃，包拯纠正说只用"前夫"或"后夫"之词。王小姐向后面望着，想说"后夫"，又怕翟秀才当堂纠缠，而她心里只有李侃，一时不知该怎么办。包拯请她直说，王小姐急切中说："老爷，小女子愿与前夫陪伴终身！"

三人落手印，心态各异。翟秀才高兴得眉飞色舞，李侃却愣住了，想不到信誓旦旦的王小姐会变卦！而王小姐则热泪滚滚。包公见状哈哈大笑说：

"好！王小姐不嫌贫寒，愿与前夫结百年之好。李侃，还不快领小姐回去成亲？退堂！"这时，王小姐破涕为笑，李侃也化愁为喜，唯有翟秀才无话可说。真是大堂之上，有人欢喜有人忧。看着有情人终成眷属的情景，包拯欣慰地笑了。

原来，包拯处事灵活机智，早就设好了"套子"，无论王小姐说的是"前夫"还是"后夫"，他都会成人之美，让李侃和王小姐拜堂成亲。

## 审时度势，灵活机变

战国时期，秦国有个人叫孙阳，精通相马，无论什么样的马，他一眼就能分出优劣。他常常被人请去识马、选马，人们都称他为"伯乐"。

为了让更多的人学会相马，孙阳把自己多年积累的相马经验和知识写成了一本书，配上各种马的形态图，书名叫《相马经》。目的是使真正的千里马能够被人发现，也为了自己一生的相马技术能够流传于世。

孙阳的儿子看了父亲写的《相马经》，以为相马很容易。他想，有了这本书，还愁找不到好马吗？于是，就拿着这本书到处找好马。他按照书上所画的图形去找，没有找到。又按书中所写的特征去找，最后在野外发现一只癞蛤蟆，与父亲在书中写的千里马的特征非常像，便兴奋地把癞蛤蟆带回家，对父亲说："我找到一匹千里马，只是马蹄短了些。"父亲一看，气不打一处来，没想到儿子竟如此愚蠢，悲伤地感叹道："所谓按图索骥也。"

这个故事是成语"按图索骥"的由来。这个寓言有两层寓意，一是比喻按照某种线索去寻找事物，二是讽刺那些本本主义的人，机械地照老方法办事，不知变通。

人在做事时，一定要讲究变通，否则，这样的人既不会把握机遇，更谈不上成功。

摩斯年轻的时候想当一名艺术家，他从英国皇家艺术学院毕业后，信心十足地来到美国准备开始他的艺术生涯。然而，由于他的画趋向于欧洲风格，太专注于浪漫主题的表现，所以在讲求实际的美国并不受欢迎。一次，美国国会要挑选4位艺术家进行一项重要的工作，摩斯以为自己会是其中一员，结果却没有他的名字。经过这次失败，摩斯决心放弃艺术，开始追求另一种人生。

摩斯想起几年前到欧洲旅行回来时，在船上和几个朋友谈到人们新发现的电磁现象，他决定以此为方向，研究"电"。在历经无数次失败后，摩斯终于发明了"电报"，为人类通讯发展作出了伟大贡献。

摩斯撞了南墙后果断回头，最后终于获得了成功。从他的经历中我们可以悟出这样一个道理：人生危机与转机，往往只是一线之间。撞了南墙之后，只要愿意静下心来，重新找到自己奋斗的方向，在心境转变的同时，人生的成功机会就可能出现在身边。

生活中有不少聪明人没走上成功之路的原因，就是犯了这种撞了南墙也不回头的错误。所以，如果你希望自己事业有成的话，那么就请你学会变通，在撞了南墙之后要细细思量，如认定确实走不通，那就要及早回头，寻找新的出路。

变通之术有很多种，除了回头寻找之外，迂回也是一种有效的方法。因为任何事物的发展都不是一条直线，聪明人能看到直中之曲和曲中之直，并不失时机地把握事物迂回发展的规律，通过迂回应变，达到既定的目标。

顺治元年（公元 1644 年），清王朝迁都北京以后，摄政王多尔衮便着手进行武力统一全国的战略部署。

当时的军事形势是：农民军李自成部和张献忠部共有兵力 40 余万；刚建立起来的南明弘光政权，汇集江淮以南各镇兵力，也不下 50 万人，并雄踞长江天险；而清军不过 20 万人。如果在辽阔的中原腹地同诸多对手作战，清军兵力明显不足。况且迁都之初，人心不稳，弄不好会造成顾此失彼的局面。

多尔衮审时度势，机智灵活地采取了以迂为直的策略，先怀柔南明政权，集中力量攻击农民军。南明当局果然放松了对清军的警惕，不但不再抵抗清兵，反而派使臣携带大量金银财物，到北京与清廷谈判，向清求和。这样一来，多尔衮在政治上、军事上都取得了主动地位。顺治元年七月，多尔衮对农民军的进攻取得了很大进展，后方亦趋稳固。此时，多尔衮认为最后消灭明朝的时机已经到来，于是，发起了对南明的进攻。当清军在南方的高压政策和暴行受阻时，多尔衮又施以迂为直之术，派明朝降将、汉人大学士洪承畴招抚江南。顺治五年，多尔衮以他的谋略和气魄，基本上完成了清朝在全国的统治。

绕圈的策略，迂回的手段。特别是在与强劲的对手交锋时，迂回的手段高明与否，往往是能否在较短的时间内由被动转为主动的关键。

在做事时，有些问题从表面上看来，似乎是无法解决的，但若能变换一种角度，用新的思维习惯去看待，就会柳暗花明。这更是一种变通。

清朝末年，有一位和尚画家云游到北京，被招进宫里作画。有一天，慈禧太后让太监给他一张 5 尺长的宣纸，要他画出 9 尺高的观音菩萨的站立像。这简直是为难人！臣子们心里紧张极了，谁都认为这是一件根本办不到的事。

和尚并不着急，他借研墨的工夫，冷静思考，很快就有了主意。只见他挥毫泼墨，一挥而就。原来，他笔下的观音菩萨并不是笔直站立的姿势，而是弯腰在拾地上的柳枝。5尺长的纸，弯着腰的人，站立起来应该就是9尺了吧。慈禧看罢，点头称是。众大臣也松了一口气。和尚画家的出色表现生动地体现出冲破惯性思维的两个特点。

一是不畏困难，勇敢承当。人体要有9尺高，纸张只有5尺长，画这画的困难是明摆着的。这时候就要有拿不下它誓不罢休的决心，当你有了这种不畏困难，舍我其谁的毅力，你就会把自己的潜力充分挖掘出来，最大限度地找出解决问题的好方法。

二是以曲求直，善于变通。和尚画家明白，直接画肯定不行，得变通。让5尺长的纸张显出9尺长的用途，条件就这么一点点，要求却那么高，非智慧无以取胜，其他路子不必多想，那只会浪费时间，要想解决矛盾只能交给创造性思维。

总之，只有思想上勇于进取，善于变通，思维上才有锐气，难题才能得到解决。

## 做事不能太因循守旧

现在提倡创新，而创新需要具备一条很重要的条件，就是接受新事物的能力。如果一个人能善于接受新事物，就不会因循守旧，做起事来就不会拘泥于条条框框。但这样的能力，往往是在平常生活中积累和培养的。

美国第16任总统林肯就是一位接受新事物能力很强的人。

一天，林肯到大街上散步，几名便衣保安在不远处保护着他。忽然，他看到在一家名为《智慧》的杂志社门前围了一群人，于是他也好奇地围了上去。结果发现在华丽的墙上开了一个小洞，旁边写着："不许向里看！"但好奇心驱使人们争先恐后地向里看。林肯也顺着小洞向里看，原来里面是用霓虹灯组成的《智慧》杂志广告。

林肯感到这家杂志广告很有创意，就定了一份。果然，《智慧》不论内容、版面设计、版式装饰，还是印刷质量，都是相当出色，颇受林肯青睐。

一天，林肯处理完公事，拿起一份刚到的《智慧》杂志阅读，读到一半时，发现中间有几页没有裁开。林肯很是扫兴，顺手将杂志放到一边。晚上，林肯躺在床上忽然想起《智慧》杂志办得十分出色，它的管理是十分严格的。按常理是不会出现这样的质量问题的。他由此联想到杂志社在墙上开小洞做广告一事，难道这里面也许会有什么新花样？

林肯翻身下床，找到杂志，小心地用小刀裁开中间几页，发现中间一页一段内容被纸糊住了。林肯当时想，被糊住的地方大概是印错了。但印错了什么呢？好奇心驱使他又用小刀一点点撬起糊着的纸，最后发现了如下的几行字：

恭喜您，您用您的好奇心和接受新事物的能力获得了本刊1万美元的奖金，请将杂志退还本刊，我们将负责调换新杂志并给您寄去奖金。——《智慧》编辑部

林肯对编辑部这种利用读者好奇心启发读者智慧的做法极其欣赏，便提笔写了一封信。不久，林肯就收到了新调换的杂志、奖金和编辑部的一封信：

总统先生，在我们这次故意印刷装订错误的300本杂志中，只有8个人从中获得了奖金，绝大多数人则只是采取了将杂志寄回要求重新调换的做法。看来，您的确是真正的智者。根据您来信的建议，我们决定将杂志改名。

这本杂志，就是至今风靡世界的《读者文摘》。

故意印刷装订错的300本杂志把机遇摆在了300个人面前，但绝大多数人熟视无睹，只有8个人抓住了机遇，还不到总数的2.7%，为什么？重要的原因就是好奇心和接受新事物的能力。请反思一下，当你遇到这样的事情，会是什么样的结果？

许多老人埋怨儿女不愿和自己说话，嗔怪儿女不孝顺。而事实并非如此。有一位赵先生就这样解释：我妈妈一开口就是"过去、曾经、从前"老三套，这些陈年旧事我已经听得出茧子了，可她还喋喋不休地说。有时实在没耐心，只好以工作忙、接电话等种种借口走开了。

一些老年人不爱接受新事物，一味沉浸在过去的故事中，以旧思想、旧行为生活，因此导致与年轻人的代沟越来越深，到了无法交流的地步。而那些与时俱进的老人，就格外受年轻人的欢迎。已故艺术家赵丽蓉，年轻时是评剧演员，到了晚年，在春晚的舞台上，却越来越红，越来越受观众的欢迎。究其原因，就是赵丽蓉融入了这个时代。她在小品中唱流行歌曲、跳霹雳舞等，很快抓住了年轻观众的心，大家都觉得这老太太真新潮，善于学习，什么都会，比年轻人还有活力。这样的老人，谁不喜欢？就在我们身边，那些善于接受新事物、偶尔还说点网络语言的老人，都能和年轻人打成一片。

因此，要想融入这个时代，必须改变自己，让自己活在今天，而不是过去。乐于接受新事物，时时刷新自己，才能做好事情。人生如风景，熟知的或是太了解的，有时并不一定是优势，它抑制了人的许多求新求异本能，在不断的摩擦与接触中，人们变得迟钝和漠然，再好的风景也只是画，失去了活力，而陌生的风景却蕴含着新奇与刺激，蕴含着灵气与智慧，在刷新人生的过程中，那些不断寻找新风景的人，会意外地撞上成功的机遇，会偶然发现新的道路，会必然见到别有洞天的景色。

第六章

**懂得取舍和放弃的智慧**

没有所谓命运的东西，一切无非是考验、惩罚或补偿。——泰戈尔

在印度的热带丛林里，人们用一种奇特的狩猎方法捕捉猴子：在一个固定的小木盒里面，装上猴子爱吃的坚果，盒子上开一个小口，刚好够猴子的前爪伸进去，猴子一旦抓住坚果，爪子就抽不出来了。人们常常用这种方法捉到猴子，因为猴子有一种习性，不肯放下已经到手的东西。

人们嘲笑猴子的愚蠢：为什么不松开爪子放下坚果逃命？但审视一下我们自己，也许就会发现，并不是只有猴子才会犯这样的错误。

有些人因为放不下到手的职务、待遇，整天东奔西跑，耽误了更远大的前途；有人因为放不下诱人的钱财，费尽心思，利用各种机会铤而走险，结果常常作茧自缚；有些人因为放不下对权力的占有欲，热衷于溜须拍马、行贿受贿，不惜丢掉人格的尊严……如此种种，硬将自己置于逆境之中。

如本书第二章中所说的，人生中有些逆境的实质是"保护性"的，是在提示你别再往前走。前进一步是深渊，后退一步海阔天空。


## 锲而不舍，金石可镂

"锲而不舍，金石可镂。"这是古人留下的一句著名的治学格言，也是为世人推崇的成才之道。

其实，苦学不辍持之以恒，只是一个人成才的条件之一，而其他条件，

譬如机遇、天赋、爱好、悟性、体质等也是缺一不可的。如果你研究某一学问、学习某一技术或从事某一事业确实条件太差，而经过相当的努力仍不见效，那就不妨学会"放弃"，另辟蹊径。

比如学弹钢琴，据统计，北京上海各有 10 万琴童，全国有多少，不得而知。要是光弹着玩玩倒也罢了，可是实际上许多家庭都是认认真真把孩子当个钢琴家来培养的。很多夫妇自认为"这一辈子就这样了"，孩子无论如何也要让他成就一番事业。于是省吃俭用，给孩子置办了一架进口钢琴，立志要培养出一个中国的"肖邦""李斯特"。再如高考，一年一度高考风起云涌，一番拼搏，分出高下，几家欢喜几家愁。受教育资源限制，不论你如何"锲而不舍"，使尽浑身解数，录取率就决定了必然要有近一半的考生无法实现上大学的愿望。如果差距不大，偶尔失手，自然不妨厉兵秣马，来年再战；倘若成绩实在差距太大，再考几次也难有多大提高，那就应当机立断，学会"放弃"。有道是"成才自有千条道，何必都挤独木桥"，世界首富比尔·盖茨就没上过大学，大发明家爱迪生不过才小学毕业，照样不耽误人家成名成家，你又何必一条道走到黑呢？或许，你只退这么一步，便会海阔天空。

人生苦短，韶华难留。选准目标，就要锲而不舍，以求"金石可镂"。但若目标不适，或主客观条件不允许，与其蹉跎岁月，师老无功，就不如学会放弃。如此，才有可能柳暗花明，再展宏图。班超投笔从戎，鲁迅弃医学文，都是"改换门庭"后而大放异彩的楷模。可见，如果能审时度势，扬长避短，把握时机，放弃，既是一种理性的表现，也不失为一种豁达之举。

## 人生要会做减法

在墨西哥海岸边，有一个美国商人坐在一个小渔村的码头上，看着一个墨西哥渔夫划着一艘小船靠岸，小船上有好几尾大黄鳍鲔鱼；这个美国商人对墨西哥渔夫抓这么高档的鱼恭维了一番，问他要多少时间才能抓这么多？

墨西哥渔夫说："才一会儿工夫就抓到了。"美国人再问："你为什么不待久一点，好多抓一些鱼？"墨西哥渔夫觉得不以为然："这些鱼已经足够我一家人生活所需啦！"美国人又问："那么你一天剩下那么多时间都在干什么？"

墨西哥渔夫解释："我呀？我每天睡到自然醒，出海抓几条鱼，回来后跟孩子们玩一玩，再跟老婆睡个午觉，黄昏时晃到村子里喝点小酒，跟哥儿们玩玩吉他，我的日子可过得充实又忙碌呢！"

美国商人不以为然，帮他出主意，他说："我是美国哈佛大学企管硕士，我倒是可以帮你忙！你应该每天多花一些时间去抓鱼，到时候你就有钱去买条大一点的船，自然你就可以抓更多鱼。再买更多渔船，然后你就可以拥有一个渔船队。到时候你就不必把鱼卖给鱼贩子，而是直接卖给加工厂。或者你可以自己开一家罐头工厂。如此你就可以控制整个生产、加工处理和行销。然后你可以离开这个小渔村，搬到墨西哥城，再搬到洛杉矶，最后到纽约。在那里经营你不断扩充的企业。"

墨西哥渔夫问："这要花多少时间呢？"

美国人回答："15—20年。"

墨西哥渔夫问："然后呢？"

美国人大笑着说："然后你就可以在家当富翁啦！时机一到，你就可以宣布股票上市，把你的公司股份卖给投资大众。到时候你就发大财啦！"

墨西哥渔夫接着问："然后呢？"

美国人说："到那个时候你就可以退休啦！你可以搬到海边的小渔村去住。每天睡到自然醒，出海随便抓几条鱼，跟孩子们玩一玩，再跟老婆睡个午觉，黄昏时，晃到村子里喝点小酒，跟哥儿们玩玩吉他罗！"

墨西哥渔夫回答："这种生活真好，不过我为什么要花几十年的时间去争取？我现在不就过着这种生活吗？"

我们的人生要有所获得，就不能让诱惑自己的东西太繁多，心灵里累积的烦恼太杂乱，努力的方向过于分散。我们要简化自己的人生，要经常地有所放弃，要学习经常否定自己，把自己的生活中和内心里的一些东西断然放弃掉。

如果我们永远循着过去生活的惯性，日常世故的经验，固守已经获得的功名利禄，想要获取所有的权钱职位，什么风头利益都要去争，什么样的生活方式都让我们眼花缭乱，什么朋友熟人都不愿得罪，这样我们会疲于应付，把很多时间和精力都花在无谓的纷争和无穷的耗费上。不仅自己的正常发展受到限制，甚至迷失自己真正应该前行的方向。

放弃我们人生田地和花园里的这些杂草害虫，我们才有机会同真正有益于自己的人和事亲近，才会获得适合自己的东西。我们才能在人生的土地上播下良种，致力于有价值的耕种，最终收获丰硕的粮食，在人生的花园采摘到鲜丽的花朵。

放弃得当，是对捆绑自己的背包的一次清理，丢掉那些不值得你带走的包袱，抛弃拖累你的行李杂物，你才可以行装简便一身轻松地走自己的路，人生的旅程才会更加愉快，你才可以登得高，行得远，看到更美更多的人生风景。

## 欲将取之，必先予之

第二次世界大战结束后，以美英法为首的战胜国几经磋商，决定在美国纽约成立一个协调处理世界事务的联合国。美国著名的家族财团洛克菲勒家族经商议，果断出资 870 万美元在纽约买下一块地皮，无条件地赠给了这个刚刚挂牌、身无分文的国际性组织。同时，洛克菲勒家族也把毗邻这块地皮的大面积地皮全买下了。

对洛克菲勒家族的这一出人意料之举，当时许多美国大财团都吃惊不已。人们纷纷嘲笑说："这简直是愚人之举！"

但是，奇怪的是，联合国大楼刚刚建成，毗邻它四周的地价便立刻飙升，相当于当时捐赠款额数十倍、近百倍的巨额财富源源不断地涌进了洛克菲勒财团。

"欲将取之，必先予之"，洛克菲勒家族敢于先予后取，在放弃中挣大钱之举，无疑是"大智若愚"的经典。

敢于放弃，取决于真正的智慧。而一切斤斤计较、机关算尽的计谋，归根结底都是"小聪明"，到头来往往是聪明反被聪明误。

## 放弃是一门艺术

放弃是一门艺术。在物欲横流的今天，既需要你作出选择，更需要你做出放弃。许多人的成功经验告诉我们，与其说是抉择得当，不如说是放弃得好。人生苦短，要想获得越多，就得放弃越多。那些什么都不放弃的人，是不可能有多少获得的，其结果必然是对自身生命的最大的放弃，让自己的一生永远处在碌碌无为之中。

放弃是一种让步，但让步不是退步。让一步避其锋，然后养精蓄锐以利更好地向前冲刺。

人的情感也是这样，总是希望有所得，以为拥有的东西越多，自己就会越快乐。所以，这人之常情就迫使你沿着追寻获得的路走下去。可是，有一天，你忽然惊觉：你的忧郁、无聊、困惑、无奈、一切不快乐，都和你的奢望有关，你之所以不快乐，是你渴望拥有的东西太多了，或者，在这个问题上太执着了。

韩非子讲过这样一个故事：一个人丢了一把斧子，他认准了是邻居家的孩子偷的，于是，出来进去怎么看都像那孩子偷了斧子。在这个时候，他的心思都凝结在斧子上了，斧子就是他的世界，他的全部。后来，斧子找到了，他心头的迷雾才豁然开朗，又怎么看都不像是那个孩子偷的。仔细观察我们的日常生活，我们都有一把"丢失的斧子"，这"斧子"就是我们热衷而现在还没有得到的东西。

懂得放弃才有快乐，背着包袱走路总是很辛苦。我们可以得出这样一个结论：

放弃是一种解脱，放弃是一种释重。但是，有很多人难以做到，往往钻进"牛角尖"中去，自寻烦恼。无怪乎有人说："执迷不悟的人，最容易得到的一种东西叫'烦恼'"。

人生有些错误是无法挽回的，有时，需要你付出代价，这个代价就是放弃。外在的放弃让你接受教训，心里的放弃使你得到解脱。生活中的垃圾既然可以不皱一下眉头就轻易丢掉，情感上的垃圾也就无须抱残守缺了。

放弃需要明智，该得时你便得之，该失时你要大胆地让它失去。老话说："塞翁失马，焉知非福。"有时你以为得到了某些东西时，可能因此而失去了更多；有时你以为失去了不少，却有可能获得许多。

## 有一种选择叫放弃

有位记者曾经采访过一位事业上颇为成功的女士，请教她成功的秘诀，她的回答是——放弃。她用她的亲身经历对此做了最具体生动的诠释：为了获得事业成功，她放弃了很多很多：优裕的城市生活、舒适的工作环境、数不清的假日，甚至身体健康……

有时，当提议朋友们一起聚会或集体旅游时，我们常常会听到朋友类似的抱怨：唉，有时间时没钱，有钱时又没有时间。其实，人生是不存在一种很完美的状态的，你只能在目前的情况与条件下做出你自己的决定。选择不能拖欠，当你想着等待更好的条件时，也许你已经错过了选择的机会。

天道咨啬，造物主不会让一个人把所有的好事都占全。鱼与熊掌不可兼得，有所得必有所失。从这个意义上说，任何获得都是以放弃为代价的。人生苦短，要想获得越多，自然就必须放弃越多。不懂得放弃的人往往不幸。曾听朋友说起过他们单位的一个女人的故事，其人年逾不惑仍待字闺中。不是她不想结婚，也不是她条件不好，错过幸福的原因恰恰在于她想获得太多的幸福，或者说，她什么也不肯放弃：对于平平者她不屑一顾，有才无貌者她也看不上眼，等到才貌双全了，地位低微又使她的自尊心、虚荣心受到极大的刺痛……有没有她理想中的白马王子呢？也许有，但我猜想，那一定是在天上而不在人间。

每一次默默地放弃，放弃某个心仪已久却无缘分的朋友，放弃某种投入却无收获的事，放弃某种心灵的期望，放弃某种思想，这时就会生出一种伤感，然而这种伤感并不妨碍我们去重新开始，在新的时空内将音乐重听一遍，将故事再说一遍！因为这是一种自然的告别与放弃，它富有超脱精神，因而伤感得美丽！

世间有太多的美好的事物，美好的人。对没有拥有的美好，我们一直在苦苦地向往与追求。为了获得，忙忙碌碌，真正的所需所想往往要在经历许多流年后才会明白，甚至穷尽一生也不知所终！而对已经拥有的美好，我们又因为常常得而复失的经历而存在一份忐忑与担心。夕阳易逝的叹息，花开花落的烦恼，人生本是不快乐的！因为拥有的时候，我们也许正在失去，而放弃的时候，我们也许又在重新获得。对万事万物，我们其实都不可能有绝对的把握。如果刻意去追逐与拥有，就很难走出外物继而走出自己，人生那种不由自主的悲哀与伤感会更加沉重！

所以，生命需要升华出安静超脱的精神。明白的人懂得放弃，真情的人懂得牺牲，幸福的人懂得超脱！当若干年后我们知道自己所喜爱的人仍好好地生活，我们会更加心满意足！"我不是因你而来到这个世界，却是因为你而更加眷恋这个世界。如果能和你在一起，我会对这个世界满怀感激，如果不能和你在一起，我会默默地走开，却仍然不会失掉对这个世界的爱和感激——感激上天让我与你相遇与你别离，完成上帝所创造的一首诗！"生命给了我们无尽的悲哀，也给了我们永远的答案。于是，安然一份放弃，固守一份超脱！不管红尘世俗的生活如何变迁，不管个人的选择方式如何，更不管握在手中的东西轻重如何，我们虽逃避也勇敢，虽伤感也欣慰！

有一种美丽叫作放弃。我们像往常一样向生活的深处走去，我们像往常一样在逐步放弃，又逐步坚定！

# 舍 = 得

懂得放弃的人，对任何事都不会太过苛求，所以心胸更开阔，生活更充实。有舍才有得，做人要拿得起，更要放得下。只有懂得放弃的人，才会拥有豁达、开朗的人生。

美国的石油大王约翰·洛克菲勒，33 岁时就成了美国第一个百万富翁，43 岁时就创建了世界上最大的垄断企业——标准石油公司，每周的收入达100 万美元。然而，他却是一个铁公鸡———一毛不拔，吝啬得很。一次，他托运 400 万美元的谷物。在途经伊利湖时，为避意外之灾，他投了保险。但谷物托运顺利，并未发生意外，于是，他为自己所交的 150 美元的保险费而懊悔不已，伤心得失魂落魄，病倒在床上。

他的这种患得患失、斤斤计较的思想观念，给他带来了不少烦恼，使他的身心健康受到了严重的伤害。到 53 岁时，他"看起来像个木乃伊"。为了挽救他的性命，医生们为他做了心理咨询，告诉他只有两种选择：要么失去一定的金钱，要么失去自己的生命。在医生的帮助和治疗下，他对此终于有了深刻的醒悟。他开始为他人着想，热心捐助慈善和公益事业，他先后捐出了几笔巨款援助芝加哥大学、塔斯基黑人大学，并成立了一个庞大的国际性基金会——洛克菲勒基金会——致力于消除全世界各地的疾病、文盲和无知。把钱捐给社会之后，洛克菲勒感到了人生最大的满足，再也不为失去的金钱而烦恼了。

对于生活的得失，我们的态度要坦然。所谓坦然，既是指生活所赐予你的，要好好珍惜，不属于你的，就不要自寻烦恼，又是指得失皆宜。得而可喜，喜而不狂；失而不忧，忧而不虑。该得则得，当舍则舍，才能坦然地面对得与失，找到生活的意义。这样的得失观，才是既比较客观的，又比较乐观的。因此，当得者得之，当失者失之，不要得小而失大，亦不要得大而失小；对于得失，取舍要明智。必须权衡其价值、意义的大小，才能在取舍得失的过程中把握准确，明白该得到什么，不该得到什么，该失去什么，不该失去什么；得与失之间，并不是绝对相等的。在某一方面得到的多，可能在另一方面得到的少，在某一方面失去的多，可能在另一方面失去的少。

由于各人的人生观、价值观不是绝对相同的，各人在得失上也不可能绝对相等。人生在世不可能得到所有的东西，也不会失去所有的东西。有所得必有所失，有所失必有所得，只是多少的问题，大小的问题，正反的问题，时间的问题。

生活就像一团火，既能使人感到温暖，也能使人感到烦躁。面对人生的得与失，人们通常怕的是失。只有明确了得与失的辩证关系，我们才会在得失之间做出明智的选择，经受得住得与失的考验，人生才会变得和谐而快乐。

## 放下是一种智慧

放下是一种智慧，人世间有多少的烦恼皆是因为放不下。人生路上会遭遇到许多不幸，挫折，失败，打击，痛苦，孤独等，当你放下这一切时，心灵就会得到解脱，该放不放，必是大患。

老和尚带着小和尚下山化缘，走到一条小河边的时候，看见一个很漂亮的姑娘站在河边发愁，走上前一问，才知道原来是因为河水太深，姑娘过不去。

　　于是老和尚就说："我背你过去吧！"就把姑娘背了过去。然后带着小和尚继续往前走。

　　小和尚心中疑惑，又不敢问。走了一段时间之后，小和尚终于忍不住了，他问师傅："您老人家不是说出家人不能近女色吗？你刚才为什么还要背那个姑娘过河呢？"

　　老和尚回答他说："我过了河就把姑娘放下了，而你却背着她走了20多里地……"

　　"当断不断，反被其乱。"我们应该保留生命中最纯粹、最有价值的部分，放弃累赘，调整心态，这样才是最好的选择。在当今社会，想要找一个理想的职位并不容易，除了与整个客观环境有关外，也与许多求职者心态不稳有关，即好高骛远、自命清高，大事做不好，小事不愿做，满腹牢骚，虚度了许多好时光，人生短短数十年，转眼即逝，一旦选准了目标就要追求。但是，当目标不适合自己时，应果断豁达地放弃，懂得以理性来面对一切，这样才能够柳暗花明。懂得放下执着，才能获得新生力量，才会赢得更多的回报。放下是另一种方式的拥有，学会了放下，就是成全了自己的幸福。

　　现实生活是残酷的，很多人都会碰到不尽如人意的事情。有时候，你必须面对现实，学会低头示弱，说得俗点，也就是该低头时就要低头。要放下所谓的"面子"和"尊严"。低头是一种智慧和勇气。要知道，敢于碰硬，被视为有"骨气"。若一味地有"骨气"，到头来，不但会被拒之门外，而且还会被"门框"撞得头破血流，元气大伤，有些人会因此而一败涂地。正如我们穿过山洞时该低头就低头，该弯腰就弯腰，低头更好走路，弯下腰来避免磕碰，走得过去又一胜境，这是为人处世的一种智慧，也是一种积极向上的人生态度和境界。

　　从前，有一个书生进京赶考。在经过一道悬崖的时候，一不小心掉进了深谷。眼看生命已经危在旦夕，书生本能地抓住了身边的藤条，总算保住了性命。但是人悬在半空，上不得下不得，正在不知如何是好的时候，突然看到了一个老者从悬崖边经过。书生立刻大呼救命。老者看见了吊在悬崖边的书生，就说："我救你可以，但是你必须得听我的话，我才能想办法救你上来。"书生连连点头。

"你现在把攀住藤条的手放下。"老者说。

书生一听，心想："我把手放开，那不是要掉入万丈深渊跌得粉身碎骨啊？哪里还能保得住性命，这家伙准是个骗子。"

因此，书生没有听老者的话，紧紧抓住藤条不放手。老者看到书生如此执迷不悟，只好摇摇头，叹了一口气，走了。

放手，并不一定会死，也许还有一线生机，但是不放手，却必死无疑。当你手中紧紧抓住一件东西不放的时候，你所拥有的只能是这件东西。如果你肯放手，那么你就会多了很多选择。人如果死守着自己的挂念不肯放下，那么他的人生道路只会越走越窄。

生活中大多数的烦恼就是因为放不下。那些不愉快的事情在心里累积多了，就会成为沉重的负担，阻碍你前进的脚步。唯有放下，才能解脱，才能轻装前行。


## 小舍才有大得

有些东西，其实是我们想留也留不住的。比如爱情，他有时候来得会很快。有时候走得也会很快。在网上，看到一篇发人深省的文章，题目是：很想离开他，但每次都舍不得。

两个人一起的日子久了，要分手也不是一次就可以分得开的。明明下定决心跟他分手，分开之后，却又舍不得，两个人就复合了。复合了一段时间，还是受不了他，这一次，真的下定决心要分手了。分开之后，又舍不得。一个月之后，两个人又再走在一起。

女人悲观地说："难道就这样过一辈子？"

请相信我，终于有一次，你会舍得。

舍不得他，是因为舍不得过去。和他一起曾经有过很快乐的日子，虽然现在比不上从前，但是他曾经那么好。怎舍得他？

离开之后又回去，因为舍不得从前。每一次吵架之后，都用从前那段快乐的日子来原谅他。在回忆里，他是好的，那就算了吧。

无法忍受他，这一次真的要离开他了。可是，因为舍不得从前，于是又再给他一次机会。每次对他有什么不满，就用从前最快乐的那段日子来宽恕他。在回忆里，他是曾经拿过一百分的。

然而，快乐的回忆也有用完的一天。有一天，你不得不承认那些美好的日子已经永远过去了，不能再用来原谅他。这个时候，你会舍得。

有道是："爱到尽头，覆水难收。"当爱远走时，无论它是发生在自己或者对方身上，舍得都是唯一的出路。如果因为无法放弃曾经有过的美好，无法放下曾经拥有的执着而舍不得。除非是殚精竭虑、心灰意冷、彻底绝望，心中已经不再有灿烂的火花，甚至连那些燃烧过后的草木灰也没有了一点温度。这种时候，想不淡漠都难。从此对你形同陌路，对你的一切也不再有任何的回应。没有余恨，没有深情，更没有心思和气力再作哪怕多一点的纠缠，所有剩下的，都只是无谓。有一天当发现对于过去的一切你都不再在乎，它们对你都变得无所谓的时候，这段爱肯定也就消失了。但到了这样的地步又何苦呢？

如果你真的珍惜那份感情，不如舍得放手。这样还保留了那份美好的情感不至于遍体鳞伤。舍得的本意是珍惜；放手的真义是爱惜。爱情是如此，其他的又何尝不是这样呢？休别鱼多处，莫恋浅滩头，去时终需去，再三留不住。如果你真的在乎，那就糊涂一点，舍得一些。

世界是阴与阳的构成，人活于世无非也就是一舍一得的重复。舍得既是一种生活的哲学，更是一种处世与做人的艺术。舍与得如同水与火、天与地一样，是既对立又统一的矛盾体，万事万物均在舍得之中，其实懂得了也不过只有两个字：舍得。只有真正理解了、醒悟到了，也便知道了"不舍不得，小舍小得，大舍大得"这个朴素的道理。

## 放下即是拥有

患得患失者，总是担心自己的失，而漠视自己的得。在他们的心中，见不了别人的得，也见不了自己的失，总是心胸狭窄，烦恼多多。而有些人不以物喜，不以己悲，心胸坦荡，烦恼全无。

东汉时期，皇上为了让博士们欢度春节，特意赐给博士们每人一只羊。

羊被赶来了，但是大小不等，肥瘦不一，如何分发呢？太学的博士们为此犯了难。

有人主张把羊统统宰了分肉，平均搭配，每人一份。有人嫌这样太麻烦，也太显计较，提出用抓阄的方法，大小、肥瘦，全凭自己的运气，抓住小的、瘦的，也怨不着别人。又有人说这种办法也不合理。大家七嘴八舌地讨论了老半天，仍然没有想出一个十全十美的好办法。

这时，博士甄宇站起来说："还是一人牵一只吧，也不用抓阄，我先牵一只。"

于是，大家的目光都齐刷刷地望着甄宇，都以为他肯定要挑一只又大又肥的。要是大的让人牵走了，剩下小的给谁呀？谁知，甄宇瞅了老半天，径直走到一只又小又瘦的羊前，牵了就走。这样一来，大家再也不好意思争执了，反而你谦我让。每个人都高高兴兴地牵着羊回家去了。

后来，这件事情传遍了洛阳，人们纷纷赞扬甄宇，还给他起了个绰号，叫"瘦羊博士"。

人生在世，认清烦恼的根源，才会豁达大度起来。不为蝇头小利闷闷不乐，不为细小得失而郁郁寡欢。那些烦恼无穷的人多半是不能辩证地看待得与失的。他们计较的是自己的"得"，害怕的是自己的"失"，对他人的得与失则漠不关心。

在社会交往中，总是把自己的名利放在他人之上，时时盘算的是一己之私利，长此以往，烦恼必然增多，也必然会失去周围人的信任，使自己处于十分孤立和被动的局面，难以获得真诚的友谊和情意。

人生旅程中的确有很多东西是来之不易的，所以我们不愿意放弃。比如，让一个身居高位的人放下自己的身份，忘记自己过去所取得的成就，回到平淡、朴实的生活中去，肯定不是一件容易的事情。但是有时候，你必须放下已经取得的一切，否则你所拥有的反而会成为你生命的桎梏。

《茶馆》中常四爷有句台词："旗人没了，也没有皇粮可以吃了，我卖菜去，有什么了不起的？"他哈哈一笑。可孙二爷呢："我舍不得脱下大褂啊，我脱下大褂谁还会看得起我啊？"于是，他就永远穿着自己的灰大褂，可他就没法生存，只能永远伴着他的那只黄鸟。

生活中，很多人舍不得放下所得，这是一种视野狭隘的表现。这种狭隘不但使他们享受不到"得到"的幸福与快乐，反而会给他们招来杀身之祸。

秦朝的李斯，就是这样的一个很好的例证。

李斯曾经位居丞相之职，一人之下，万人之上，荣耀一时，权倾朝野。

虽然当他达到权力地位顶峰之时，曾多次回忆起恩师"物忌太盛"的话，希望回家乡过那种悠闲自得、无忧无虑的生活，但由于贪恋权力和富贵，始终未能离开官场，最终被奸臣陷害，不但身首异处，还殃及三族。

李斯在临死之时才幡然醒悟。他在临刑前，拉着二儿子的手说："真想带着你哥和你，回一趟上蔡老家，再出城东门，牵着黄犬，逐猎狡兔，可惜，现在太晚了！"

一个人若是能在适当的时间选择做短暂的"隐退"，不论是自愿的还是被迫的，都是一个很好的转机，因为它能让你留出时间观察和思考，使你在独处的时候找到自己内在的真正的世界。尽管掌声能给人带来满足感，但是大多数人在舞台上的时候，却没有办法做到放松，因为他们正处于高度的紧张状态，反而是离开自己当主角的舞台后，才能真正享受到轻松自在。虽然失去掌声令人惋惜，但"隐退"是为了进行更深层次的学习，一方面挖掘自己的潜力，一方面重新上发条，平衡日后的生活。

全身而退是一种智慧和境界。为什么非要得到一切呢？活着就是上天最大的恩赐。你对人生要求越少，你的人生就会越快乐。对于我们这些平凡人来说，重要的是能怀一颗平常善良之心，淡泊名利，对他人宽容，对生活不挑剔，不苛求，不怨恨。

放弃是一种美丽，学会放弃是一种智慧。只要你懂得追求，学会放弃，明了得与失的关系，特别是在人生的转折点上举重若轻，那么你就会拥有幸福的人生。

## 取舍只是一念之差

先哲云：将欲取之，必先予之。意思是：你想要得到，必须舍得付出。你仔细想想，你现在的每一项拥有，哪一项不是伴随着舍弃而来的？

一个人如果想得到更大的功名，你必须舍得安逸和享受；如果想得到更多的金钱，就必须舍得付出艰辛和疲劳；想得到婚姻的美满，就必须舍得付出自己迁就和忍让……什么都有成本，无非是得到了自己想要的，失去了为此所必须付出的。这便是"舍"与"得"的辩证关系。

1989 年，腰包比较厚实的尹明善对民营图书业的前景作了一番分析，得出的结论是："已是一眼见底""做出版业赚小钱可以，却没有可能做大做强"。他决定退出出版行业，另寻发展途径。

不了解改革开放以来出版业的人，是很难充分认识到尹明善在 1989 年主动从图书产业撤退，重新选择创业行当的缘由。改革开放以来，个体资本介入出版业的范围虽然从无到有、从小到大，有了很大的发展。但由于种种体制上的原因，出版业相对于其他产业的改革力度与进度，却始终处于速度缓慢与滞后状态。涉足出版与发行的民营企业，仍在很大程度上受着一系列限制性政策的制约，没有一个如同其他产业那样公平竞争的自由成长空间。一个明显的例证是：改革开放至今近 30 年来，各行各业中都已先后涌现了一大批民企巨头，产生了一大批资产达数亿级的富商，唯有书刊发行业在全国范围内始终没有能产生出一家可以称之为"巨头"的民营大企业。由此观之，19 年前尹明善的退出，是何等具有远见！

尹明善当年的进，源于出版业在一定程度的开放以及他个人对出版业宏观业务的熟悉，是外界形势与个人优势的最佳匹配。而后来的退，源于出版业的发展空间不够大，制约了有一定资金与有极大创业雄心的他的发展。由此可见，尹明善在出版产业上的一进一退，充分显示了他对于形势的敏锐判断。他在这一进一退中，掘得了人生的第一桶金。他的主动撤退，是因为自己有了资本去寻找更加宽广的创业舞台，去实现自己的雄心壮志。

创业本身没有高低贵贱，只有适合自己与否。如果你发现不适合自己，就要舍得放弃，这是从狭义的角度来说的。从广义的角度来说，在你创业的路上，时时都要存舍得之心。

有舍才有得。蛇在蜕皮中长大，金在沙砾中淘出。"舍得"既是一种大自然的规则，也是一种处世与做人的规则，还是一种创业制胜的规则。舍与得就如同水与火、天与地、阴与阳一样，是既对立又统一的矛盾体，相生相克，相辅相成，存于天地，存于人生，存于心间，存于微妙的细节，囊括了万物运行的所有机理。万事万物均在舍得之中，达到和谐，达到统一。

人之所以舍不得，归根到底是没有信心掌控未来，因此拼命地想要抓住今天，享有今天，全不顾及明天。你舍不得今天，如何能有明天？你舍不得付出，如何能有收获？你舍不得失去，如何能有得到？《卧虎藏龙》中李慕白有一句很经典的话："当你紧握双手，里面什么也没有；当你打开双手，世界就在你手中。"

想要得到太多，终将失去；想要活出精彩，就要懂得轻装上阵，就要懂得舍弃。对于人生，舍弃是一种智慧，也是一种境界，懂得舍弃的人往往会有更大收获。成功永远是对少数人在舍得之后的犒赏。大舍大得，透射出智者豁达的气度。古往今来，得大成而永载史册者莫不深谙此道。

我们只要真正把握了舍与得的机理和尺度，便等于把握了人生的钥匙、成功的门环。要知道，百年的人生，也不过就是一舍一得的重复。

## 拿得起，放得下

做人需要拿得起，放得下。拿得起在于不随波逐流，保持自我；放得下在于通达世故，使自己免遭不必要的伤害。拿得起是勇气，放得下是肚量，拿得起是可贵，放得下是超脱。鲜花掌声能等闲视之，挫折、灾难能坦然承受。"人生最大的敬佩是拿得起，生命最大的安慰是放得下。"当迷雾消散尘埃落定的那一刻，你会发现这一切原本只是自己放不下。

放下不是无为而作，不是颓废厌世，放下其实是一门高深的学问。人生在世，忙忙碌碌，疲于奔波，我们常常被强烈的愿望所驱赶，不敢停步，不敢懈怠，也不敢轻言放弃。背上的包裹越来越多，越来越沉，而我们什么都不愿放弃，因而，当收获越来越多的时候，身心也越来越累。

人是感情动物，生活中，我们放不下的东西太多了。比如说一段失去的感情、因为说错话和做错事被上司或同事指责、做好事却被人误解，生活中总会碰到很多委屈，于是心有千千结，放不下。把什么事情都装在自己的心里，每日心事重重，愁肠百结。心理负担太重是会影响身体的健康的，放不下的东西太多，就会活得很累，结果把自己的生活搞得像一团乱麻。

"天下熙熙皆为利来，天下攘攘皆为利往。"让人留恋不舍的无非就是财、情、名这几个方面。想开了看淡了也就放下了。

有这样一个寓言故事：

一位老者带着一个年轻人打开了一个神秘的仓库。仓库里装了很多神奇的宝贝。而且，每件宝贝上面都刻着清晰可辨的字纹，分别是：骄傲，正直，快乐，爱情……

这些宝贝都是那么漂亮，那么迷人，年轻人觉得哪一样都是那么可爱，都是那么迷人。于是，他抓起来就往口袋里装。

可是，在回家的路上，他才发现，装满宝贝的口袋是那么的沉。没走多远，便觉得气喘吁吁，两腿发软，脚步再也无法挪动。

老人说："孩子，我看还是丢掉一些宝贝吧，后面的路还长着呢！"

年轻人恋恋不舍地在口袋里翻来翻去，不得不咬牙丢掉两件宝贝。但是，宝贝还是太多，口袋还是太沉，年轻人不得不一次又一次地停下来，一次又一次咬着牙丢掉一两件宝贝。"痛苦"丢掉了，"骄傲"丢掉了，"烦恼"丢掉了……口袋的重量虽然减轻了不少，但年轻人还是感到它很沉，很沉，双腿依然像灌了铅一样重。

"孩子，"老人又一次劝道，"你再翻一翻口袋，看还可以丢掉些什么。"

年轻人终于把沉重的"名"和"利"也翻出来丢掉了，口袋里只剩下"谦虚""正直""快乐""爱情"……一下子，他感到说不出的轻松和快乐。

但是，他们走到离家只有一百米的地方，年轻人又一次感到了疲惫，前所未有的疲惫，他真的再也走不动了。

"孩子，你看还有什么可以丢掉的，现在离家只有一百米了。回到家，等恢复体力还可以回来取。"学生想了想，拿出"爱情"看了又看，恋恋不舍地放在了路边。

他终于走回了家。

可是，他并没有想象中那样高兴，他在想着那个让他恋恋不舍的"爱情"。老师过来对他说："爱情虽然可以给你带来幸福和快乐。但是，它有时也会成为你的负担。等你恢复了体力还可以把它取回，对吗？"

第二天，他恢复了体力，于是循着昨天的路拿回了"爱情"。他高兴极了，忍不住欢呼雀跃，感到无比的幸福和快乐。这时，老师走过来触摸着他的头，舒了一口气："啊，我的孩子，你终于学会了放弃！"

人们常说："拿得起放得下的是举重，拿得起放不下的叫作负重。"学会放弃，鲜花和掌声才会属于你。只有学会放下，你的人生才能变得轻松和愉快。

人生不如意事十之八九，生活很多时候会逼迫你不得不放弃一些你本不想放弃的东西。暂时的放弃并不代表着永远失去，有时候，只有放弃才会有另一种收获。要想采一束清新的山花，就得放弃城市的舒适；要想做一名登山健儿，就得放弃娇嫩白净的肤色；要想穿越沙漠，就得放弃咖啡和可乐；要想有永远的掌声，就得放弃眼前的虚荣；船舶放弃安全的港湾，才能在深海中收获满船鱼虾。

今天的放弃，是为了明天的得到。胸有大志的人是不会计较一时的得失的。

人的能力有限，我们不可能把一生所得全部背在身上，即使铜皮铁骨，也会承受不了。昨天的辉煌已经过去了，它不属于今天，更不能代表明天，我们只有毫不犹豫地放弃，才能轻装前行，看到更美的风景。

一次一次的放弃，会让我们越来越成熟，越来越淡定。学会放弃，放弃失恋带来的痛楚；放弃屈辱留下的仇恨；放弃心中所有难言的负荷；放弃浪费精力的争吵；放弃没完没了的解释；放弃对权力的角逐；放弃对金钱的贪欲；放弃对虚名的争夺……凡是次要的、枝节的、多余的，该放弃的都应放弃。

## 舍卒保车

下棋时，棋手会先放弃没用的废棋，在必要时"舍卒保车"，关键时要"忍痛割爱"，当然也会因为自己的失误而错失好棋。高明的棋手很会运筹帷幄，能充分发挥每个棋子的作用，懂得把棋子放在合适的位置，让每个棋子各得其所。所以高手才能出师告捷，事事成功，从而获得操控更大棋局的机会。会不会走棋，懂不懂棋子的妙用是棋手的制胜法宝。

两害相权取其轻，两利相权取其重。舍卒保车是一种深远的谋略，从糊涂学的角度来看，就是一种以屈求伸、以退为进的策略，是一种宽容的智慧。如果贪图一时的小利，就可能会失去更多的、长远的利益。如果注重眼前的小利，那灭亡之日就近在咫尺了。被眼前的微小的利益所蒙蔽，不辨轻重、主次，看不到隐藏在小利后面的危害，这是失败的根源。小利益小包袱不丢，就会因小失大，把事情搞砸让能成的事变得不能成或难成。因此，每个人都要懂得吃亏是福。

史料记载，郑板桥由范县调署潍县后，接到一封紧急家书。拆开一看，是郑墨寄来的。信中说，为了祖遗房产中一段墙基，他正跟一家邻居诉讼。深望兄长以同僚名义，去函兴化知县，以人情相托，好将官司打赢。郑板桥把信看完，即赋诗回书："千里捎书为一墙，让他几尺又何妨？万里长城今犹在，怎么不见秦始皇？"稍后，他在另两张纸上，各写了四个字："吃亏是福""难得糊涂"。并加注道："聪明难，糊涂难，由聪明转入糊涂更难。放一着，退一步，当下心安，非图后来福报也。"

正所谓吃小亏等于占大便宜。在《红楼梦》中的王熙凤，很聪明，但都是小聪明，以至于她在"算来算去算自己"。

而真正聪明的人是大智若愚，如刘备，看起来似乎这种人文不能文，武不能武，就这样一个百无用处的人为什么会令许多人为他卖命呢？诸葛亮泪洒《出师表》、关云长千里走单骑、赵子龙在百万军中救阿斗，他们为什么要为刘备这么做呢？——这就是刘备的聪明所在。他善于以吃亏来赢得人心。

吃亏有时就是一种放弃。懂得放弃是一种智慧，有放弃才会有成就。陶渊明不为五斗米而折腰，果断地放弃了官场的生活，毅然地"归去来兮"，"采菊东篱下，悠然见南山。"遂成为田园派诗歌的开山鼻祖；李白不愿"摧眉折腰事权贵"，于是"明朝散发弄扁舟""且放白鹿青崖间"，遂有一代诗仙之称；岳武穆少年弃家从军，抛弃身家性命、个人荣辱而不顾，终致"经年尘土满征衣""八千里路云和月"，并创立了"撼山易，撼岳家军难"的抗金军队，才得以功垂史册、千古流芳；鲁迅先生深为愚昧的国民精神而痛心，毅然地放弃学医，拿起笔来，为唤醒国民的灵魂，投身到反封建的行列中来，成了勇敢的斗士；钱学森能够放弃国外的优厚待遇，冲破重重阻力，回到祖国怀抱，才赢得导弹之父的称号……

放弃是一种美，学会放弃，也是为了博取更多的价值。

"北伐名将"严重，1919 年毕业于保定军官学校，与邓演达同赴广州，追随孙中山先生，被任命为黄埔军校学生总队长。由于他严于律己，深得全体师生敬佩。一次，孙中山先生拟召开党务会议，分配给黄埔军校几个代表名额，由师生无记名投票选举产生，结果严重得的票最多，蒋介石感慨地说："看来严立三（严重）在学生中的威望，比我当校长的还要高呀。"

1927 年，蒋介石背叛革命后，密令"清党"。严重的好友邓演达秘密酝酿反蒋，致电严重，询问对国民革命的态度，严重复电："革命尚未成功，国共两党应团结一致，完成国民革命的大业。"8 月，共产党举行"南昌起义"，蒋介石命令严重率部进军南昌，严重迟迟不前，引起了蒋介石的猜忌。严重于是急流勇退，隐居庐山太乙村。

当时有黄埔学生当面问严重："老师如何桂冠而去？"

严重回答："宁汉分裂，令人痛心疾首。南京大开杀戒，伤我民族元气；武汉大张挞伐，又何尝不是激波扬浪？我怎么能够和他们同流合污？"

严重在太乙村的日子虽然过得很清苦。但他这以退为进的策略，却为他积攒了很高的声望。因为当时他无法跟蒋介石当面抗衡，但住进寺庙，当了和尚，全社会的舆论都在向他倾斜，他的名声也越来越大，这样他就获得了与蒋介石抗衡的资本。

严重在庐山一住就是十年。1939年日寇铁蹄踏入中原，民族危机空前加剧。严重激于爱国义愤，在组织军民力量积极抗日救亡的斗争中，他心力交瘁，于1943年病逝于恩施。

一个渴望成功做事之人，浮视于富贵功名，才不致使自己屈从于功名富贵；将金钱利益看得很轻，才不致使自己成为金钱的奴隶；将物质享受看得很轻，才能不致使自己贪图享受。一个人只有不贪图享受，不为个人私利蒙蔽双眼，才能有所成就，才能让所有的人为之感动。

由此可见，在"舍"和"得"之间，各人有各人的想法，各人有各人的选择。重要的是，必要时"舍卒保车"，关键时要懂得"忍痛割爱"。其实，许多时候的烦恼和困惑都源自"贪心"二字，总想选择最好的，却忘了"选择最适合自己的"这个浅显的道理。由此可见，"卒"和"车"具体到个人来说是相对而言的。

互联网上的一份问卷调查表明：超过90%的人认为，自身能力成长的机会和自身社交圈发展的机会，远比单纯的报酬更重要。这是令人高兴的，这足以说明，当代人看问题都有了发展的眼光。要想做事成功，就要有这种远见卓识。

第七章

**唤醒你无限的潜能**

那些优秀的人，只不过是懂得如何充分挖掘自身潜力的人而已。

——戴尔·卡耐基

我们每个人的身体内部都蕴含着相当大的潜能，如同一座沉睡的火山。爱迪生曾经说："如果我们做出所有我们能做的事情，我们毫无疑问地会使自己大吃一惊。"下面这则真实的故事深刻地说明了这一点。

一位妈妈在谷仓前面注视着一辆轻型卡车快速地开过她的土地。她 14 岁的儿子正开着这辆车，由于年纪还小，他还不够资格考驾驶执照，但是他对汽车很着迷——而且似乎已经能够操纵一辆车子，因此她就准许他在农场里开这辆客货两用车，但是不准开到外面的路上去。

但是突然之间，妈妈看见车子翻到水沟里去了，她大为惊慌，飞奔过去。她看到沟里有水，而她的儿子就压在车子下面，躺在那里，只有头的一部分露出水面。

这位妈妈并不很高大，身高 162 厘米，体重 55 公斤。但是她毫不犹豫地跳进水沟，把双手伸到车下，把车子抬了起来，足以让另一位跑来援助的工人把那失去知觉的孩子从下面抬出来。

当地的医生也很快赶来了，给男孩检查了一遍，只有一点皮肉擦伤需要治疗，其他毫无损伤。

这个时候，妈妈却开始觉得奇怪了起来，刚才她去抬车子的时候根本没有停下来想一想自己是不是抬得动一辆轻型卡车，她想再试一次，结果根本就动不了那辆车子。医生说这是奇迹，他解释说身体机能对紧急状况产生反应时，肾上腺就大量分泌出激素，传到整个身体，产生出一种超常的能量。这就是她可以抬起卡车的唯一解释。

这个妈妈在危急情况下产生出一种超出正常的力量，并不光是肉体反应，它还涉及心智和精神的力量。当妈看到自己的儿子可能要被淹死的时候，她的心智反应是要去救儿子，一心要把压在儿子身上的卡车抬起来，而再也没有其他的想法。可以说是精神上的肾上腺在瞬间引发出潜在的力量，而如果需要更大的体力，心智状态就可以产生出更大的力量。

由此可见，一个人的潜能是何等神奇与巨大。特别是在一个人身处危急的逆境时，潜能的迸发足以改变一切。

## 开启潜能这座宝藏

一说到财富，以前的人们就马上联想到阿里巴巴通过"芝麻开门"进入的宝洞，或是基度山上那富有传奇、幻想气息的珠宝；当代人呢，不由得幻想起美国百老汇大街的富佬们、中东石油王国的主人，甚至在太平洋上文莱那金子铺成的王宫，这些无疑是财富的象征，但并不是真正的财富，总有一天会用光的，而那无穷无尽的财富在哪里呢？它就在地球上每个人的头脑中，无论你发现了多少金矿、银矿、钻石矿或石油、天然气，挖出来的财产总及不上 IT 业的奇才比尔·盖茨的一个念头。

每一个人都有一座无穷的潜能宝藏，只要自己善于去挖掘这座宝藏，你肯定会成为世界上最富有的人。

曾经有一段资料报告中说，人的潜能到底有多大？一个人的大脑潜能大概只开发了大约 10% 或 5%，像爱因斯坦这样聪明的人，他的潜能大概只开发了 12% 左右，只比一般人多了 2%。

这个报告中说一个人如果开发了 50% 的潜能，他到底能做哪些事情呢？他大概能背 400 本的《百科全书》，堆起来能有好几个房子那么高；大约可以念完十几所大学，还可以念十七八种不同国家的语言，这是多么惊人的一件事情啊！

可是一般人都认为自己只能这样而已，无法再发挥了，无法再到达极限了，这样浪费资源，尤其是自己大脑的资源，是非常可惜的。

只要真正找到你所想要的，而且对它有强烈的渴望，愿意全力以赴去完成它，任何事情都是办得到的。

特别是身处逆境中的人，只要把突破逆境当作是你生命中最重要的事情，把它当作你的生命一样去对待，我相信你就能发挥你生命中的潜能。


## 制作自己的梦想板


我们说过，人有不可估量的潜能，那么这些潜能又是如何发挥出来呢？这就是要人们找到适合自己的发展方向。寻找发展的方向，也就是找到自己的目标。有目标的人生才是有意义的人生，那么，什么是我们的目标、方向呢？大家大概不会忘记，小时候我们写的作文题目，往往是我的理想、我的志愿之类的，我们那时是要成为医生、教师、科学家的。

一般人在成年前或成年之后，都大致有了怎样走自己人生之路的想法，而此后所做的一切不过是围绕和实现这些想法而已。如当一个人打定主意要经商时，他懂得如何订立计划，如何向银行或股东借钱，如何落实计划。

　　许多人之所以碌碌无为，不是因为没有本事，而是因为他的人生没有目标、没有方向，漫无目的虚度了一生。

　　寻找发展自己的方向，换句话说，也就是为自己确立目标。目标又有多方面的，如健康、体重、财富、职业、家庭等，都要有计划和目标。在确定目标时还要切忌好高骛远、脱离实际。就像短跑一样，目标近在咫尺，才会产生吸引作用。

　　许多成功者在实现目标的过程中，几乎都在使用一个方法来帮助自己开发潜能，这就是用目标视觉化的力量。

　　目标视觉化有相当多的方法，其中一个最简单的方法就是使用梦想板。

　　我个人使用梦想板已经有两三年的时间了，把你近期的目标或梦想写在梦想板上，每天都看它，直到你一步步接近它，实现它。

　　第二个方法，早晚起床的时候，把你的目标在纸上不断重复地写。要写多少遍？台湾成功学大师陈安之说："早晚起床的时候一定要把目标写10遍。"

　　世界首富"钢铁大王"安德鲁·卡内基，他也是用同样的方法，只不过他是把目标写1000遍。

　　几乎越成功的人重复的次数就越多，他们可能不知道，但是他们都用了这个方法，我访问过很多人，他们也许没有上过这样的课程，看过这样的书籍，但是他们无意间或多或少都使用了目标视觉化的方法。

　　潜意识的力量实在是太惊人了，今天不妨把你的目标做成图片，剪下来，贴出来，每天看它，早晚输入到你的潜意识里面来影响自己。

　　如果你有一片肥沃的土地而不用它是非常可惜的，天长日久它会杂草丛生，做内在的潜意识的规划，就是要好好耕耘你这片土地，千万不要让它荒芜了。

　　假如好的东西你不种进去，坏的东西你又不敢种，早晚你的潜意识会杂草丛生的。

你去尝试，你就会有意想不到的结果，不管什么目标都是可以实现的。这一点对身处逆境中的人尤其重要。

## 逆境中学会耐心等待

在逆境之中，学会耐心地等待时机是非常重要的。

战国时，安陵君是楚王的宠臣。有一天，江乙对安陵君说："您没有一点土地，宫中又没有骨肉至亲，然而身居高位，接受优厚的俸禄，国人见了您无不整衣下拜，无人不愿接受您的指令为您效劳，这是什么呢？"

安陵君说："这不过是大王过高地抬举我罢了。不然哪能这样！"

江乙便指出："用钱财相交的朋友，钱财一旦用尽，交情也就断绝；靠美色结交的朋友，色衰则情移。因此，狐媚的女子不等卧席磨破，就遭遗弃；得宠的臣子不等车子坐坏，已被驱逐。如今您掌握楚国大权，却没有办法和大王深交，我暗自替您着急，觉得您处于危险之中。"

安陵君一听，恍如大梦初醒，方知自己其实正处于一个非常危险的境地。他恭恭敬敬地拜请江乙："既然这样，请先生指点迷津。"

"希望您一定要找个机会对大王说，愿随大王一起死，以身为大王殉葬。如果您这样说了，必能长久地保住权位。"

安陵君说："我谨依先生之见。"

但是又过了三年，安陵君依然没对楚王提起这句话。江乙为此又去见安陵君：

"我对您说的那些话，至今您也不去说，既然您不用我的计谋，我就不敢再见您的面了。"

言罢就要告辞。安陵君急忙挽留，说：

"我怎敢忘却先生教诲，只是一时还没有合适的机会。"

又过了几个月，时机终于来临了。这时候楚王到云梦去打猎，1000 多辆奔驰的马车连接不断，旌旗蔽日，野火如霞，声威十分壮观。

这时一条狂怒的野牛顺着车轮的轨迹跑过来，楚王拉弓射箭，一箭正中牛头，把野牛射死。百官和护卫欢声雷动，齐声称赞。楚王抽出带牦牛尾的旗帜，用旗杆按住牛头，仰天大笑道：

"痛快啊！今天的游猎，寡人何等快活！待我万岁千秋以后，你们谁能和我共有今天的快乐呢？"

这时安陵君泪流满面地上前来说："我进宫后就与大王共席共坐，到外面我就陪伴大王乘车。如果大王万岁千秋之后，我希望随大王奔赴黄泉，变做褥草为大王阻挡蝼蚁，哪有比这种快乐更宽慰的事情呢？"

楚王闻听此言，深受感动，正式设坛封他为安陵君，安陵君自此更得楚王宠信。

后来人们听到这事都说："江乙可说是善于谋划，安陵君可说是善于等待时机。"

等待时机的来临需要充分的耐心。这个过程也是积极准备、待条件成熟的过程，等待时机决不等于坐视不动。

尽管江乙眼光锐利，料事如神，毕竟事情的发展不会像人们设想的那样顺利和平静，而安陵君过人之处在于他有充分的耐心，等候楚王欣喜而又伤感的那个时刻，这时安陵君的表白，无疑是雪中送炭，温暖君心，因此也改变了险境，保住了长久的宠臣地位和荣华富贵。

## 在心里构建未来的蓝图

一幅心灵图画，胜过千言万语，任何图画只要你相信它，用你的信念支撑它，你的潜能就会令它实现，这是非常有名的潜能专家摩菲博士说的。

你心里面的想象就是你未来的蓝图，无时无刻都要借助你的想象、你的构思、你所接受的信念和你心中不断重复的画面，来营造一个光辉灿烂的未来，这个未来是健康的，是成功的，是充满财富的，是非常快乐的，这就是你天天都要想象你目标的方法。

有一个人叫麦克·强生的运动员，是 1996 年亚特兰大奥运会 400 米、200 米短跑的双料冠军。他花了 10 年的时间，让 200 米提高了一秒半。这"一秒半"虽花了他 10 年的时间，可是却让他脱离了平庸、迈向了伟大，这一秒半让他成为有史以来 200 米和 400 米两个不同项目的冠军一个人独享，使他成为全世界跑得最快的人，使他由一个默默无闻的无名小卒，一跃成为年收入千万美金的名人。

在麦克的自传里，他说在比赛前，他想象自己是一台充满动力的机器，有完美的设计，里面有完美的构造，完全可以完成眼前的任何任务。

为什么有那么多人会失败呢？因为大部分的人都把想象力用在想象和惧怕失败上面，他们每天都在想自己万一失败怎么办？万一没钱怎么办？万一下岗怎么办？万一破产怎么办？他们做每一件事情都在想被拒绝的画面、失败的画面、不会成功的画面。

推销员在上门之前都在想别人不会买他产品的画面，甚至泼他冷水的画面；男孩子在追求女孩子的时候都在想象被女生拒绝的画面，甚至想象女生不理他的时候的那副沮丧样子。

我遇见一位朋友，他说，他跟女朋友交往了 10 年了，就是不求婚，我说："你们都相爱为什么不结婚呢？"他说："她万一拒绝我怎么办？"

为什么有这么多人把自己想象力用在失败上面呢？你想象失败就会有失败的结果。

有一次，某保险公司的一位新进业务员问主管："为什么我没有办法顺利地成交每一笔生意呢？"

主管跟他说："你只要开口就行。"他说："开口求人家，有这么容易吗？"

主管说："就这么容易。"他说："那万一别人拒绝怎么办？"

主管就问他："那万一成功了怎么办？万一别人答应你怎么办？你为什么没有这样想过呢？"他说："可总要考虑失败呀？"

主管说："既然考虑，为什么不考虑成功呢？"

隔天，该业务员就打电话给主管，告诉主管说："昨天听了你那几句话以后，我决心突破自我，开始要求别人签单，今天我签下了三个保单！"

任何人都要打破自我限制，也许这样就可以令你发生一些意想不到的奇迹。改变一个想法，头脑中的画面改变了，他的行动就改变，他的成就就改变了。

所以，天天想着你所有的目标，每天早晚不但要写，要看着你的梦想板，同时头脑里还要发挥想象力，启动头脑中的录像机，开始做一个心灵目标的预演，这会让你脱离逆境，迈向成功。

## "变"，是另一种潜能

在 18 世纪的法国，土豆种植曾有很长一段时间得不到推广。宗教迷信者不欢迎它，给它起了个怪名字——"鬼苹果"；医生们认定它对健康有害；农学家断言，种植土豆会使土壤变得贫瘠。

法国著名农学家安瑞·帕尔曼切曾在德国吃过土豆，觉得土豆是一种很好的食品，于是决定在本国培植它。可是，过了很长一段时间，他都未能说服任何人。

面对人们根深蒂固的偏见，他一筹莫展。后来，帕尔曼切决定借助国王的权力来达到自己的目的。1787年，他终于得到了国王的许可，在一块出了名的低产田上栽培土豆。帕尔曼切发誓要让这不受人欢迎的"鬼苹果"走上大众的餐桌！

他要了个小小的花招——请求国王派出一支全副武装的卫队，白天晚上轮流值班对那块土地严加看守。这异常的举动，撩拨起人们强烈的偷窥欲望。此举的确显得十分神秘，一块土豆地怎么会派哨兵日夜把守呢？周围的农民无不好奇，不断地趁着士兵的"疏忽"而溜进去偷土豆，小心翼翼地把偷来的土豆拿回去研究，种在自家地里，精心侍弄，看到底有何不同。哨兵对周围的农民偷土豆，表面上似乎严禁，实际上则睁一眼闭一眼。当周围农民种的土豆获得丰收之后，所谓的"鬼苹果"的优点也就广为人知了。就这样，通过这个巧妙的主意，土豆在法国普及开来，很快成为最受法国农民欢迎的农作物之一。土豆食品也昂然走进了千家万户。

人的每一种行为，每一种进步，都与自己的变通思维能力息息相关，离开了变通思维，人就什么事情也办不成了。之所以有的人成就了伟业，有的人却碌碌无为一辈子，原因就在于变通思维的差异。其实，成功的机会无处不在，只是它更青睐于善于思考，善于变通的人。别人成功了，我们却没有，并不是别人运气好，而是他们善于思考，对这个世界多了份观察，对自己的生活多了份思考，在事情的解决方法中多添了一份变通。就像有人说的：这个世界不缺少能干活的人，缺少的是会思考会变通的人。许多成功人士一生不败，关键就在于他们在为人处事中精通变通之道，进退之时，俯仰之间，都超人一等。

其实人与人之间，谁比谁聪明、谁比谁幸运并不是最大的差距，最大的差距在于谁思考更深入，变通更及时。因此，我们在生活中要勤于思考善于变通，对于一些别人解决不了的问题，我们可以换个思路去解决；对于别人想不到的事情，我们要努力想到并实现。"只有想不到，没有做不到"，这句稍显夸张的话，从某种角度讲，是有一定道理的。会思考、会变通的人是永远不会被困难阻挡的，即使前面荆棘丛生，他们也能披荆斩棘，奋勇直前。

人的发展永远都离不开机会，要想自己能够把握机会、迎合机会、创造机会，那么我们就必须不停地开动脑筋，运用智慧，否则我们就有可能会被时代淘汰。西方有一句谚语"上帝在关上一道门时，就会在别处给你打开一扇窗。"诗人陆游讲："山重水复疑无路，柳暗花明又一村。"只要我们不拒绝变化，并且善于运用变通的思维方式，不断改变自己的观念，我们就能抓住机会，走出困境，进入新的天地。

世间事物千奇百怪，变幻莫测，固定、单一的思维模式是不足以应对一切复杂多变的世事的。可以说世间唯一不变的真理就是"变"。在做事的时候，只有不断变通，才可能绕开生活道路上的一切障碍，让你轻松获得成功。

## 成功需要强烈的欲望

到底什么是强烈的欲望呢？美国 NBA 飞人乔丹在 17 岁的时候就梦想将来进入 NBA 球队打球，于是他就做了一个计划，他必须先进入高中球队，然后考上大学之后再进入大学球队，这样才有可能进入 NBA 球队，于是，他就报考了高中球队。

教练后来告诉他："乔丹，你不能参加球队。"乔丹就问："我为什么不能参加球队？"

教练说："因为你的身高太矮了，你只有一米七。"乔丹说："你不让我参加球队无所谓，你只要让我跟球员们一起练球，我可以不上场比赛，可是我想跟他们练球，我愿意在他们下场时替他们倒水、替他们擦汗、替他们整理球场，愿意做一切的事情，只要让我同他们一起练球就可以了。"

于是，教练答应他。

当乔丹开始参加球队的时候，真的每天练球比谁练的都晚。他除了帮队员们倒水、擦汗之外，他继续在场上练球，一直练到天黑别人回家了，他仍然在练球，有时练得晚了就睡在球场上。一直到高中毕业的时候，乔丹去报考大学的球队终于被录取了。当时他去测量身高居然达到了一米九八。

更加不可思议的是，他的父亲竟然说："我们乔丹家族没有一个人超过一米七五的。"乔丹为什么能长到一米九八呢？他的父亲分析说："完全是乔丹强烈的欲望所导致的。"

要经常培养自己强烈的欲望，经常与成功者交往，阅读成功者的传记，经常去增加你的见识。

当我们能够持续培养我们的欲望的时候，强烈到想立即拿出积极的行动的时候，然后不断强化欲望，让你的行动不断地坚持，一直到成功为止。

欲望和希望有相似之处，然而却又不是相同的。比如，新年之际，我们和朋友常互相祝福，说些"恭喜发财""新年发达"等话。这些话充其量是一种希望，而没什么意义，它既不可能使我们发财，也不能给我们带来健康。因此我们常说：希望是美好的。言下之意，它未必能实现。如果是不切实际的希望，不仅不能实现，而且转瞬即逝。

而欲望不同，欲望来自幻想，但比较接近现实，是可以达到或实现的。因此，欲望又是一种具有推动力的心理，一种可以发挥自己潜能的力量。

我们可以做一个大胆的假设。假设一位姓王的先生，他现在年收入是一万元。因为租房子太贵，他希望购买一套自己的房子。他的同学、朋友都已买了房子，他买房的欲望也就更加强烈了。他开始储蓄，节省一切不必要的开支；另一方面努力地工作，创造更多的收入。买房成为他最大的欲望，他的一切行动都以此为依据，不出几年就可以实现。

欲望常常是一种魔力，它可以改变整个人，发挥出一种平时没有的力量。我们有时说，某些人中了"邪"，往往就是强烈的欲望支配着他的原因。中国古代就有两个著名的人物——豫让、伍子胥，可以说是这方面的典型。

豫让是春秋战国时晋国的义士。在他不得志时，曾受到当时的政治家智伯的欣赏和尊敬。然而，在一次政变中，智伯被赵襄子杀死。"士为知己者死"，豫让逃了出来并发誓要为智伯报仇，虽万死而不辞。

为报仇，豫让改名换姓，到赵襄子门下作一名卑下的清扫工，身上却怀着一把锋利的匕首，随时准备刺杀赵襄子，却失手被抓，赵襄子觉得义士难得，自己又没受伤，就放了豫让。

但豫让的报仇欲望并未因此消失，反而更强烈了。为了便于行刺，他不惜毁掉自己的容貌：他把漆油涂在身上，使皮肤腐烂，好像生了癞疮一样，又剃了胡须，刮了眉毛，吞食木炭，使声音变哑。毁容程度之深，连他的妻子都认不出他。

毁容之后，豫让便埋伏在赵襄子出游的一座桥下。快过桥时，赵襄子的马突然惊叫，豫让再次被发现并提住。赵襄子仔细辨认，认出这人正是一再要为智伯报仇的豫让。毁己报仇，他再一次被豫让坚定的报仇意志所感动，于是脱下自己的袍子，让豫让刺袍以了心愿，而豫让刺袍后也心满意足地自刎而死。

豫让为报仇易容，伍子胥为报仇忧虑而一夜白头。

伍子胥本是春秋时代楚国人。在一次权力之争中，他父亲伍奢和哥哥伍尚被楚平王杀害。楚平王又下令在全国各地悬赏捉拿他，为了报仇，伍子胥不得不躲入山林中野餐露宿，过度的忧虑和挫折，年轻的伍子胥一夜之间一头黑发全部变白。但伍子胥"因祸得福"，凭着一头白发，轻而易举地逃过官兵的搜捕，逃出吴国。

伍子胥初到吴国时，竟沦为街头卖唱的乞丐，但他并未因此放弃报仇的念头。在吴国他结交了一位武艺不凡、为人仗义的壮士——专诸。在吴国的一次宫廷权力斗争中，他们两人协助吴王夺取了王位。伍子胥又帮助吴王建立政治制度，治理国家，使吴国成为当时的一个强国。

16 年过去了，伍子胥看到时机成熟，便率领吴国的军队向楚国发动了大规模的攻势，打败了楚国。满腔仇恨的伍子胥甚至把早已死去的楚平王尸体挖出，鞭其尸直至成为粉末。

豫让易容、伍子白头都是因为报仇心切，经历了千辛万苦而使然。遇到挫折而不罢休，支持他们的正是焚烧身心的欲望，当这种欲望驱使着人们时，必会发出惊人的力量。不达目的誓不罢休。"不成功便成仁"，往往是具有强烈欲望者最好的写照。


## 潜意识是一块肥沃的土地

潜能分为意识上的潜能和体力上的潜能。意识上的潜能即我们常说的潜意识。

什么是潜意识呢？一个人的潜意识就像一个人的灵魂一样，它支配自己的行动和思想，而潜意识的建立，是由自己以往的历史、学问、实践、经验等累积而成的。

说到这里，我想起自己亲身体验的一件事：小学时期，我在文娱活动中都是踊跃积极地参加，后来，只因为一句话，我在中学六年中再没有参加过文娱活动。直到现在，我还是无法重拾对文娱活动的热爱。这句具有如此深远影响的话是我的一位姑姑说的："你有驼背的习惯，跳起舞，舞姿不雅。"也许说者并不存心让我远离文娱，但我却因此而无法激起对文娱活动的信心。

相传三国时代的曹操，年轻的时候请人相面，那位相士据说是当时最有名的预言家许劭，他看了曹操的相，只说了句："你这个人，一定是治世的能手，乱世的奸雄。"曹操听了之后，不以为然，竟哈哈大笑起来，心想：这位相士倒说得相当有道理，殊不知，这位星相学家随便说的两句话，竟对曹操的前途发生巨大的影响。

像这样的情况并不是说这看相人是有先知先觉的人，而是这些人的存在本来就被外界罩上一层神秘的色彩，听这些人的话，内心就不知不觉地产生与这些话相应的感觉，并用这种感情去对待外界的事物，其结果当然就会由这些所谓预言家所说的事态结果发展下来。

人的潜意识是一张等待描绘的白纸，外界环境是用来描绘潜意识这张白纸的模拟对象，而沟通两者的桥梁就是人的有意识。是有意识这支笔描绘出潜意识的内容来的，外界环境是五彩缤纷、令人目不暇接，有意识这支笔描绘外界环境的那一部分，是正对着阳光的这一部分，还是背着光线的阴影呢？当然不能全部无选择地画下来，我们人的潜意识虽无分辨是非的能力，却是有排斥对立情感的本能。

人的感情也分好的和坏的，好的就像信心、欲望、希望、热心、爱心、温柔、善良等；不好的东西，像恐惧、嫉妒、仇恨、报复、贪心、迷信、愤怒等。如果有仇恨和爱心两样要我们选择，在我们的潜意识中只能选择仇恨或者爱心，而不能同时容纳下仇恨和爱心这两种互相对立的感情，正像圣经里说：没有人能同时侍奉两个主人，不是恨这个就是爱那个……不是重这个就是轻那个，你不能同时侍奉上帝又侍奉财神。

因此要培养、建立正确的潜意识，需要我们有意识地控制自己的不良意念，努力把外界不良的压力变为推动自己进取的动力，这对于建立正确的潜意识具有建设性的意义。

潜意识是一块肥沃的土地，种下粮食种子，就会获得丰收；种下野花杂草的种子，就会得一片野草杂花。要使潜意识这块沃土为我们所用，就要控制住我们的有意识。

控制有意识并不是件轻而易举的事，有人把控制有意识、驾驭潜意识，比做园艺这门功夫。在没有播种子之前，我们首先要耐心挖土锄草选种除虫，播种之后，要给予适当的肥料，然后再等待发芽。这还仅仅是开始，以后还有更多的事要做，若是浇水和施肥过多，会使幼芽生长困难，水多了会淹死，少了会干死，施肥的同时，更要杀虫和拔除野草，否则，野草便会抢走养料，使幼芽失去生长机会，还要有适当的天气，阳光太强时，又要为植物遮阳，阳光过少了，又要用照明的光热进行补救，若不幸遇上早来的霜雪，很可能会把以前的心血全部摧毁。

可见，培养我们的潜意识，跟耕种一样，需要十二分心血和功夫来控制我们的有意识。

第八章

**冲出逆境而成功的典范**

风筝因为逆风而飞得更高。

——英国民谚

孟子说："故天将降大任于斯人也，必先苦其心志，劳其筋骨，饿其体肤，空乏其身，行拂乱其所为，所以，动心忍性，曾益其所不能。"历史事实是，凡是有作为的人没有不是经过了一番艰难曲折的磨炼的，所不同的只是他们经受磨难的方式不同罢了。

看看那些在逆境中成功的典范，他们凭的是什么？看透了其中的玄机之后，相信处于逆境中的你，一定会有一种豁然开朗的感觉。

## 曼德拉：在牢狱中奋斗的人

在南非，人们总爱亲热地称呼曼德拉为"马蒂巴"，当地语就是"老爹"的意思，这反映了平民与领袖间一种难得的亲近加崇敬的关系。确实，曼德拉是一位非常平民化的领袖人物。他任总统时甚至把来访的外国元首介绍给他的花工或是厨师，弄得有些外国领导人很是尴尬。这位非常普通而亲切的总统，在南非可是当之无愧的"新南非之父"。他的一生都以其超群的能力为争取自由平等，而不懈努力斗争着。

南非总统纳尔逊·曼德拉是个有着传奇经历的黑人领袖，一生中获奖无数，尤其是诺贝尔和平奖，更使他蜚声全球而显得无上光荣。

1918 年 7 月 18 日，南非特兰斯凯省乌姆塔塔的一个滕布族酋长家添了个男孩，这个男孩子就是纳尔逊·罗利赫拉赫拉·曼德拉。

滕布人居住在群山环抱的山坡上，他们的村落里有一座座粉刷雪白的茅屋，四周种满了金合欢树，村子的外面是一块块玉米地，曼德拉就是在这个和平、宁静的山谷中度过了自己的童年。

到了读书的年龄，曼德拉进了当地一所白人传教士开办的教会学校，从教会学校毕业后，曼德拉考入南非唯一招收黑人学生的黑尔堡大学。随着知识的不断积累，曼德拉却越来越陷入一种心灵的迷茫之中，300 多年的种族隔离，使生活在南部非洲的这个三面环海的国家的黑人和其他有色人种备受歧视和压迫。于是他开始义无反顾地投身到反对白人种族主义统治的学生运动中。不久，虽然他读书非常用功，但学校还是因他参加学生运动将他除名。这时候部落的长老建议他回去继承酋长的职务，但曼德拉拒绝了，他已下定决心要献身南非人民的解放事业。

1941 年，这个身材魁伟的黑人酋长的儿子，从他世代居住的山谷，来到了南非第一工业大城市——约翰内斯堡，并在那儿加入了维护非洲人利益的组织——非洲人国民大会（简称"非国大"），不久他就成了非国大的领导成员之一。从此开始了他职业革命家的生涯。

1952 年南非当局颁布歧视性质的"人口登记法"。为了抵制这个法令，曼德拉发动了"蔑视运动"，号召黑人罢工罢市，示威的黑人群众成群结队地涌进专供白人使用的公共场所。这是南非有史以来第一次有组织地反对种族主义的群众运动，它的浩大声势使白人当局惊恐万分。于是政府下令禁止曼德拉参加政治活动，但非国太却因曼德拉成功领导"蔑视运动"，而选举他为这个组织的副主席。

1958 年曼德拉因参加政治运动被关押，从监狱中保释出来后，他利用仅有的四天假期和温妮结婚，婚礼先在女方家中举行，按照当地的传统，另一半的婚礼应在男方家里举行。但因为时间不允许，另一半婚礼没有举行，曼德拉不得不告别妻子回到狱中。为此温妮一直珍藏着那半块婚礼蛋糕，她等待着与曼德拉相聚的这一天。

1960 年，南非警察开枪镇压示威群众，不久又下令取缔了非国大。非国大开始转入秘密活动，为应变形势的变化，曼德拉着手建立了称为"民族之矛"的军事组织，并亲自担任总司令。为了争取国际社会对非国大的支持，曼德拉多次秘密出国访问，会见了许多非洲国家领导人。1962 年 8 月 5 日，由于叛徒的出卖，曼德拉在约翰内斯堡附近被捕，从此开始了他长达 27 年的铁窗生涯。

在狱中，曼德拉先后读完了伦敦大学法律、经济和商业专业的课程，还自学了一门外语。

曼德拉不仅坚持学习，而且还利用一切机会和囚犯交朋友，给他们讲述反对种族隔离的道理。由于他经常领着难友与当局斗争，南非当局只好把他秘密转移到开普敦的中央监狱。当局表示只要他放弃武装斗争，就恢复他的自由，但是曼德拉坚定地说："自由决不能讨价还价。"

1990 年 2 月 11 日，开普敦监狱大门打开了，年已 71 岁的曼德拉走出牢门，这天世界各国派来采访他的记者多达 2000 人，曼德拉出狱的第一张照片被人用百万美元买走。出狱后，曼德拉成为非国大的主席，继续领导反对种族隔离制度的斗争。他率领代表团与总统德克勒克为首的白人政府代表团进行谈判，经过不懈努力，最终促使政府逐步放宽种族隔离，并同意组织南非第一次真正意义上的全民选举。

1994 年 5 月 10 日，曼德拉彻底的民族和解主张，赢得了南非各族人民的理解和支持，他宣誓就任南非总统。从此，在南非实行了 300 余年的种族隔离制度被废除了，曼德拉成为南非有史以来的第一位黑人总统。

曼德拉出任南非历史上第一任黑人总统时将近 76 岁了。老骥伏枥，能否走完千里？有人提出了这样的疑问。他上任刚刚 5 天，英国《星期日泰晤士报》就放出消息，说曼德拉私下曾经暗示，他打算在两年之内辞去总统的职务。虽然曼德拉立即做出反应，声明这纯属谣言，但这件事情本身已经提示人们摆在新总统面前的道路并不平坦。贫困、饥饿、失业，许多人缺少文化教育，住房紧缺等问题困扰着刚就任的曼德拉。如何团结一切积极的力量，包括白人以及黑人中与国大党存在政治分歧的因卡塔自由党人，还有各色人种，对于这个有着 4000 万人口，多个种族组成的国家来说，的确不是一件易事。

但是 76 岁的曼德拉并没有退缩，而是积极地面对困境。他为了争取种族平等，进行了长期艰苦卓绝的斗争，他以令人惊奇的充沛精力，积极的工作态度开展工作。

1999 年 6 月曼德拉卸任总统后，本来能够过甜蜜安宁的晚年生活了，可是曼德拉却闲不下来，可谓退而不休。一方面，他深深地热爱着非洲这块土地，以极其复杂的心情关注着非洲目前面临的困难和遭受的苦难，加上他"德高望重"的客观影响，因此不少非洲交战国邀请他担当国际调解人。另一方面，曼德拉是国际知名人士，甚至一些媒体称他是"20 世纪最后一位活着的历史人物"。因此，几乎所有前往南非访问的国际政要、名人、明星都希望能与他见上一面，国内外的各种国际会议也大多邀请他前往出席捧场。曼德拉因长期牢狱折磨，造成膝关节和视力严重损伤。他行走不便，特别是双腿很难迈上台阶。但是这位老人的精神却一直很好，仍然在积极地忙碌着，他自己说他忙碌的日程是"每天从早到晚地工作，回家时已十分疲劳，唯一想做的事就是睡觉和做梦"。

现在，这位令人尊敬的、在逆境风雨中一路走过的老人，可以安心地休息了。他的光芒普照着南非人民，他的事迹感染了世界人民。

## 艾柯卡：逆境中生存

艾柯卡，美国汽车业无与伦比的经营巨子，曾任职于世界汽车行业的领头羊——福特公司。由于其卓越的经营才能，他的地位节节高升，直至成为福特公司的总裁。

然而，就在他的事业如日中天的时候，福特公司的老板——福特二世却出人意料地解除了艾柯卡的职务，原因很简单，因为艾柯卡在福特公司的声望和地位已经超越了福特二世，所以他担心自己的公司有一天会改姓为"艾柯卡"。

此时的艾柯卡可谓是步入了人生的低谷，他坐在不足 10 平方米的小办公室里思绪良久，终于毅然而果断地下了决心，离开福特公司。

在他离开福特公司之后，有很多家世界著名企业的重要人物都曾拜访过艾柯卡，希望他能重新出山，但被艾柯卡婉言谢绝了。因为他心中有了一个目标，那就是"从哪里跌倒的就要从哪里爬起来！"

他最终选择了美国第三大汽车公司——克莱斯勒公司，这不仅因为克莱斯勒公司的老板曾经对他"三顾茅庐"，更重要的原因是此时的克莱斯勒公司已是千疮百孔，濒临倒闭。他要向福特二世和所有人证明：我艾柯卡的确是一代经营奇才！

接管克莱斯勒公司后，艾柯卡进行了大刀阔斧的改革，辞退了 32 个副总裁，关闭了 16 个工厂，裁员和解雇了人员上千，从而节省了公司最大的一笔开支。整顿后的企业规模虽然小了，但却更精干了。另一方面，艾柯卡仍然是用自己那双慧眼，充分洞察人们的消费心理，把有限的资金都花在刀刃上，根据市场需要，以最快的速度推出新型车，从而逐渐与福特、通用三分天下，创造了一个与"哥伦布发现新大陆"同样震惊美国的神话。

1983 年，在美国的民意测验中，艾柯卡被推选为"左右美国工业部门的第一号人物。"

1984 年，由《华尔街日报》委托盖洛普进行的"最令人尊敬的经理"的调查中，艾柯卡居于首位。

同年，克莱斯勒公司营利 24 亿美元，美国经济界普遍将该公司的经营好转看成是美国经济复苏的标志。

有人曾经在这一时刻呼吁艾柯卡竞选美国总统。如果说在福特公司的艾柯卡是福特的"国王"，那么在克莱斯勒的艾柯克无疑就是美国汽车业的"国王"。

艾柯卡之所以能创造这么一个神话，完全是受惠于当年从福特公司被解职的逆境。正是因为这一逆境才使艾柯卡的事业步入第二个春天。


## 韩信：胯下之辱后终成王侯将相

公元前二世纪的秦朝，是中国历史上第一个统一的封建王朝。但因为父子两代皇帝的暴政，秦朝的统治仅有 15 年。秦末，农民起义风起云涌，出现了许多英雄人物，韩信就是其中一位有名的军事统帅。

韩信出身贫贱，从小就失去了双亲。建立军功之前的韩信，既不会经商，又不愿种地，家里也没有什么财产，过着穷困而备受歧视的生活，常常是吃了上顿没下顿。他与当地的一个小官有些交情，于是常到这位小官家中去吃免费饭，可是时间一长，小官的妻子对他很反感，便有意提前吃饭的时间，等韩信来到时已经没饭吃了，于是韩信很恼火，就与这位小官绝交了。

为了生活下去，韩信只好到当地的淮水钓鱼，有位洗衣服的老太太见他没饭吃，便把自己带的饭菜分给他吃，这样一连几十天，韩信很受感动，便对老太太说："总有一天我一定会好好报答你的。"老太太听了很生气，说："你是男子汉大丈夫，不能自己养活自己，我看你可怜才给你饭吃，谁还希望你报答我。"韩信听了很惭愧，立志要做出一番事业来。

有些年轻人看不起韩信，有一天，一个少年看到韩信身材高大却常佩带宝剑，以为他是胆小，便在闹市里拦住韩信，说："你要是有胆量，就拔剑刺我；如果是懦夫，就从我的裤裆下钻过去。"围观的人都知道这是故意找碴儿羞辱韩信，不知道韩信会怎么办。只见韩信想了好一会儿，一言不发，就从那人的裤裆下钻过去了。当时在场的人都哄然大笑，认为韩信是胆小怕死、没有勇气的人。这就是后来流传下来的"胯下之辱"的故事。

其实韩信是一个很有谋略的人。他看到当时社会正处于改朝换代之际，于是专心研究兵法，练习武艺，相信会有自己的出头之日。公元前209年，全国各地反对秦朝统治的农民起义爆发了，韩信加入其中一支实力较强的军队。军队的首领就是后来成为下个朝代开国皇帝的刘邦。最初，韩信只是做了一个管押运粮草的小官，很不得志。后来他认识了刘邦的谋士萧何，两人经常讨论时事和军事，萧何认识到韩信是一位很有才能的人，于是极力向刘邦推荐，但刘邦仍不肯重用韩信。

一天，心灰意冷的韩信悄悄离开刘邦的军队，投奔别的起义军。萧何得到他离开的消息后，也没向刘邦汇报，赶忙骑马去追韩信。刘邦得到消息，以为是二人逃跑了。过了两天，萧何和韩信回来了，刘邦又惊又喜，责问萧何是怎么回事。萧何说："我是为您追人去了。"刘邦大惑不解："过去逃跑的将领有几十个，你都不去追，为什么单单去追韩信呢。"萧何说："以前逃跑的将领都是平庸之辈，容易得到，至于韩信是难得的奇才。如果您想争夺天下，除了韩信您就再也找不到同您计议大事的人了。"刘邦说："那就让他在你手下做个将领吧"。萧何说："让他做一般的将领，他未必肯留下来。"刘邦说："那就让他作一个军事统帅吧。"从此，韩信由一名运粮官变成了一位将军。在后来帮助刘邦打天下的过程中，他每战必胜，立下了赫赫功勋。

"国士无双""功高无二，略不世出"是楚汉之时人们对其的评价。那么，为什么一个穷困潦倒的胯下小人能成为王侯将相呢？究其原因，不外乎就是隐忍和自强，懂得如何战胜人生的苦难，从而成为流传千古的军事大家。今天的我们，不管遇到什么困难，如果能像韩信这样有一股熬劲，那么，我们每个人都会成为成功者。

## 王永庆：寒门小子的大逆转

王永庆祖籍是福建省安溪县，那里土地贫瘠，王永庆的曾祖父因为日子过不下去，只得漂洋过海到我国台湾地区寻找生路。王家几代都以种茶为生，但只能勉强糊口。1917 年，王永庆就出生在这样一个贫苦的茶农家中。

王永庆刚刚学会走路，就跟着母亲外出去捡煤块和木柴，用来换点零钱，或者供自己家烧水做饭。童年的小永庆常常是饥一顿饱一顿。家里偶尔"改善生活"，煮一些甘薯粥，他也只能分到一小碗。王永庆 7 岁那年，父母取出多年积攒起来的几个铜板，把他送进乡里的学校去念书。别家的孩子第一天上学，都会穿上漂漂亮亮的新衣服，可王永庆还是平时的那一套，他穿的裤子是用面粉袋改做的，上面还印着"中美合作"的字样。他头上戴的草帽早已破了，但还得靠它挡一挡烈日风雨。他买不起书包，只能用一块破布包上几本书。他连鞋子都没有，总是赤脚在泥泞的山路上奔跑！

就是这样的生活，王家也没能维持多久。小永庆9岁那年，他的父亲不幸卧病在床，全家人的生活重担都落到了母亲的肩上。王永庆看到母亲日夜不停地操劳，总想多帮母亲做点事。挑水、养鸡、养鹅、放牛……只要是他力所能及的，他都尽量多做。就这样，他勉强读到小学毕业，只得依依不舍地告别了学校。

王永庆的祖父劳苦了一辈子，最后只给孙子留下了一条教训。他对王永庆说："种茶这一行，看来是难以为生的。就是饿不死，也吃不饱。你是读过书的人，希望你不要再困在这里，还是立志出门闯天下吧！"

15岁的王永庆，听了祖父的话，决心走出山区，去寻找一个能挣到钱的地方，帮助母亲养活一家人。他一个人孤零零地来到台湾南部的嘉义县县城，在一家米店里当上了小工。聪明伶俐的王永庆，除了完成自己送米的本职工作以外，处处留心老板经营米店的窍门，学习做生意的本领。第二年，他觉得自己有把握做好米店的生意了，就请求父亲帮他借了些钱做本钱，自己在嘉义开了家小小的米店。

米店新开，营业上就碰到了困难。原来，城里的居民都有自己熟识的米店，而那些米店也总是紧紧地拴住这些老主顾。王永庆的米店一天到晚冷冷清清，没有人上门。16岁的王永庆只好一家家地走访附近的居民，好不容易，才说动一些住户同意试用他的米。为了打开销路，王永庆努力为他的新主顾做好服务工作。他主动为顾客送上门，还注意收集人家用米的情况；家里有几口人，每天大约要吃多少米……估计哪家买的米快要吃完了，他就主动把米送到那户人家。他还免费为顾客提供服务，如掏出陈米、清洗米缸等。他的米店开门早，关门晚，比其他米店每天要多营业4个小时以上，随时买随时送。有时顾客半夜里敲门，他也总是热情地把米送到顾客家中。

经过王永庆的艰苦努力，他的米店的营业额大大超过了同行店家，越来越兴旺。后来，他又开了一家碾米厂，自己买进稻子碾米出售，这样不但利润高，而且米的质量也更有保证。

后来，随着经济的发展，建筑业动得最快。王永庆敏锐地发现了这一点，便抓住时机，抢先转向经营木材，结果获利颇丰。这个赤手空拳的农民的儿子，居然成了当地一个小有名气的商人。

这时，经营木材业的商家越来越多，竞争也越来越激烈。王永庆看到这一点，便毅然决定退出木材行业。那么，该干什么好呢？

20世纪50年代初，台湾地区急需发展的几大行业，是纺织、水泥、塑胶等工业。当时还是个名不见经传的普通商人王永庆，主动表示愿意投资塑胶业！消息传出，王永庆的朋友都认为王永庆是想发财想昏了头，纷纷劝他放弃这种异想天开的决定。当地一个有名的化学家，公然嘲笑王永庆根本不知道塑胶为何物，开办塑胶厂肯定要倾家荡产！

其实，王永庆作出这个大胆的决定，并不是心血来潮。他事先进行了周密的分析研究，虽然他在塑胶工业是外行，但他向许多专家、学者去讨教，还拜访了不少有名的实业家，对市场情况做了深入细致的调查，甚至已私下去日本考察过！他认为，烧碱生产地遍布台湾地区，每年有70%的氯气可以回收利用来制造PVC塑胶粉。这是发展塑胶工业的一个大好条件。

王永庆没有被别人的冷嘲热讽吓倒。1954年，他和商人赵廷箴合作，筹措了50万美元的资金，创办了台湾地区第一家塑胶公司。3年以后建成投产，但果然如人们所预料的，立刻就遇到了销售问题。首批产品100吨，在台湾地区只销出了 20 吨，明显供大于求。按照生意场上的常规，供过于求时就应该减少生产。可王永庆却反其道而行之，下令扩大生产！这一来，连他当初争取到的合伙人，也不敢再跟着他冒险了，纷纷要求退出。精明过人的王永庆，竟敢背水一战，变卖了自己的全部财产，买下了公司的全部产权，使这家公司成为他独资经营的产业。王永庆有自己的算盘。他研究过日本的塑胶生产与销售情况，当时日本的 PVC 塑胶粉产量是 3000 吨，而日本的人口不过是中国台湾地区的 10 倍，所以，他相信自己产品销不出去，并不是真的供过于求，而是因为价格太高——要想降低价格，就只有提高产量以降低成本。

第二年，他又投资成立了自己的塑胶产品加工厂——南亚塑胶工厂，直接将一部分塑胶原料生产出成品供应市场。

事情的发展，证明了王永庆的计算是正确的。随着产品价格的降低，销路自然打开了。塑胶公司和南亚公司双双大获其利！从那以后，王永庆塑胶粉的产量持续上升，使他的公司成了世界上最大的 PVC 塑胶粉粒生产企业。

在这个世界上，没有任何一个人能随随便便成功。成功者给你看见的总是成功的风光，但你也许看不见在成功之外，他们都会有一个艰苦奋斗的过程。他们之所以成为成功者，并不是因为他们的命有多好，而是他们不安于现状，善于与命运抗争的结果。

## 晋文公：逆境出英雄

晋文公重耳之所以能称霸诸侯。主要得益于他在逆境面前的百折不挠、坚忍不屈。他曾在外逃亡 19 年，历尽艰辛，后来终于回国当了国君，试想如果没有坚强的个性和不屈的精神，又怎能成功呢？

其实晋文公在流亡之前没有受过多大的磨难。他父亲晋献公曾是一位较有作为的君主，他把晋国治理成了北方的大国。但晋献公晚年却犯了一个巨大的错误，惟夫人之言是听，这也难怪，在那个时代有身份有地位的男人有三妻四妾是常事，而且还引以为荣。当时的的女人不能参政，将女人参政视为不吉，但她可以"吹风"，晋献公就被这股"温柔风"险些弄得晋国土崩瓦解。虽国家未亡，但动乱持续了 20 年，这 20 年正是重耳在外颠沛流离的20 年。

原来晋献公晚年宠爱年轻貌美的骊姬，这个骊姬倒也有手段，害死了太子申生，又要害重耳，重耳只得逃往外地。应该说，骊姬在某种程度上还帮了重耳，如果没有她的迫害，重耳不可能流浪在外，也就没有机会历练出成就大事的本事，也就没有办法当上晋国的国君。流亡并没有使重耳消沉，反而成熟了他的思想，磨炼了他的意志，净化了他的人格，使他继齐桓公之后成为第二个春秋霸主。

人处在逆境时，往往一切灾难会接踵而来。重耳也不例外，当晋献公死后，秦国和齐国插手晋国另立新君的事，都想从中捞到好处。于是他们共同立了狡诈残忍的夷吾为晋国新君，这位新君总觉得重耳在外是个心腹大患，就派人追杀他。可怜流亡在外的重耳先是遭到父亲宠姬的迫害，这次又要遭到自己弟弟的追杀，不得不亡命天涯。

一个人纵然意志再坚强，品质再优秀，也需要有人帮助才能成就大事，尤其是在艰难时期。重耳也不例外，他手下也有一些忠直之臣追随他，其中比较著名的有狐毛、狐偃、狐射姑、先轸、介子推、颠颉等人，这些人有胆略，有才能，他们追随重耳在狄国住了 12 年，不仅如此，重耳在狄国的妻子也是深明大义之人，当重耳得知夷吾要派人刺杀他，他准备逃走时，对妻子说：

"如果过 25 年我不来接你，你就改嫁吧。"妻子却说："好男儿志在四方，你放心走吧。我现在已经 25 岁了，再过 25 年就是 50 岁的老太婆了，想改嫁也没人要。你不用担心我，尽管走吧，我等着你。"由于夷吾派来的刺客提前一天赶来，重耳未来得及收拾好行装就匆匆忙忙逃走了，所以重耳一行人不得不到处乞讨。贵为一国公子，落难之时，到处乞讨活命，需要有绝大的勇气，更要有坚韧的性格，两种生活境遇，犹如从天堂跌入地狱，如果没有坚强的性格，又怎能承受得了？重耳承受住了苦难和屈辱，后来才做了春秋霸主。

重耳一行人打算去齐国。但必须经过卫国，卫君是个很势利的人，见重耳是落难之人，不想帮他，便不让他从卫国通过，他们只好绕行，实在饿得忍受不住了，便向农夫乞讨，农夫有意嘲笑他们，递过了一块土块，幸亏被一位智慧的大臣巧妙地化解了。当重耳饿得头晕眼花时，一位大臣给他端来一碗肉汤，他喝完了才知道肉是从大臣腿上割下来的，想一想这种苦难能有几人受得了！重耳却受住了，或许他知道自己不能就这么消沉。

重耳也曾动摇过，到了齐国后，娶了齐国公主，生活在温柔乡里，他不想再回国了，因为经过了众多的磨难，终于过上了安稳的生活，为何还要再去受那颠沛流离之苦，这种打算和想法并没有在重耳身上真的实现，他在几位大臣的帮助下，又离开了齐国踏上了征程。

一个人的性格只有在特殊的环境中才能表现出来，坚韧性格也同样，如果万世升平，百姓安居，自己安安稳稳地做太平皇上又何来磨难呢？重耳颠沛流离朝夕不保，这种情况没有使他消沉下去，而是一直在寻找复出的机会，等待东山再起。

多年的流亡生活不但磨炼了他的意志，而且还有一个更大的收获，那就是丰富的政治经验，他清醒地认识到在这种形势下除非有绝对的军事实力和经济实力。不然，不用说称霸诸侯，恐怕保住领土和政权完整都难。重耳就是在这种形势下流亡各国的，虽历经磨难，但也使得他变成了一个成熟的政治家，在复杂的争斗环境中可以游刃有余，例如，重耳流亡到楚国时，楚成王把他当成贵宾接待，重耳对楚成王十分尊敬，两人成了好朋友。当时，楚国大臣子玉要杀掉重耳，以除后患，但被楚王阻止了。有一次宴会上，楚王开玩笑说："公子将来回到晋国，不知拿什么来报答我？"重耳说："玉石、绸缎、美女你们并不缺，名贵的象牙、珍奇的禽鸟就出产在你们的国土上，流落到晋国的不过是你们的剩余物资，我真不知拿什么来报答您。托您的福，如果我能回到晋国，万一有一天两国军队不幸相遇，我将后退三舍来报答您。如果那时还得不到您的谅解，我就只好驱兵与您周旋了。"虽只是开玩笑，但这一提问也是一个很难回答的问题，弄不好也会使楚国君臣不悦，严重可能会有性命之忧，况且楚国大臣本来就想杀掉重耳。应该说重耳的回答是得体的，后来为了称霸诸侯，晋、楚两国果然兵戎相见了。晋文公忧心忡忡，面对来犯楚军，连忙下令晋军"退避三舍"。晋军很不理解，狐偃就让人向军士广为宣传，说这是晋文公为了报答楚王的恩惠，实现以前的诺言。而实际上，这是激将法，激励晋军士气，树立晋文公的威望。从军事等角度看，晋军后退可使楚军疲惫，避开楚军的锐气。因此，晋文公的"退避三舍"是以退为进的策略，实在是一箭双雕的高明之举。

重耳当上晋国国君时已 62 岁了。他流浪 19 年，虽说他在齐国时有一段安定的生活，但那也是寄人篱下。颠沛流离的日子，他受尽了人情冷暖，尝尽了世间的酸甜苦辣，见识了各国政治风云，锻炼了治国平天下的才能。终于把自己磨炼成了一个有治之君。

纵观晋国由乱到治的过程，确是引人深思。晋文公及其 19 年的磨炼，为他创造霸业准备了良好的客观条件，所以晋文公称霸也并非偶然，是各方面因素积累的结果。

　　毫不夸张地说，是逆境成就了重耳的千秋霸业，这正如千锤百炼磨砺出宝剑的锋芒。在重耳的流亡时，他缺吃少穿不说，还要对付各种追兵，诸侯各国的歧视，这一切困难没有动摇重耳称王称霸之心，逆境更能让人学习本事，其结果无疑是成功。

　　晋文公的流亡、登基、称霸之路，无一不是在逆境中步步艰难地走出来的，可现实中的那些失败者又有谁经受住了磨难呢？这的确引人深思。


## 勾践：在逆境中逆袭

　　吴越两国本为邻邦，吴国趁越王新逝世之际，发兵攻越，结果大败而归，国王阖闾受伤而亡。从此两国结下了仇怨，本质上，双方都是想吞并对方来扩大自己的领土，增加本国势力而已。

　　阖闾死后，他的儿子夫差继位。为了替父报仇，他丝毫不敢懈怠，经过两年的准备，吴王以伍子胥为大将，伯韶为副将，倾国内全部精兵，经太湖向越国杀来，越国毫无抵挡之力，一战即败，勾践走投无路，后来达成了议和。

　　议和的条件是，让越王勾践和他的妻子到吴国来做奴仆，随行的还有大夫范蠡。吴王夫差让勾践夫妇到自己的父亲吴王阖闾的坟旁，为自己养马。那是一座破烂的石屋，冬天如冰窟，夏天似蒸笼，勾践夫妇和大夫范蠡一直在这里生活了3年。除了每天一身土，两手马粪以外，夫差出门坐车时，勾践还得在前面为他拉马。每当从人群中走过的时候，就会有人嘁嘁喳喳地讥笑："看，那个牵马的就是越国国王！"

　　勾践之所以会强忍着这所有的屈辱，为的就是日后的崛起。勾践的性格高明之处就在这里，虽面对一切屈辱，从容自若，因为他非常明白，眼下只有忍辱，才有可能日后东山再起，如果不忍，不要说东山再起，恐怕连命都保不住。这似乎与中国传统的大英雄，大丈夫"宁为玉碎不为瓦全""大丈夫誓可杀不可辱"的传统有些相背离，但中国还有一句教人处世的俗语："留得青山在，不怕没柴烧。"英雄人物不妨屈尊一忍，设法日后再重新崛起。

　　勾践不但性格能忍，而且还善攻心计，他抓住了吴国君臣贪财好色的弱点，让留在国内的大夫文种不断地向吴王进贡一些珍禽异兽，瑰宝美女，同时还不断给伯嚭送些贿赂。伯嚭收了越国的贿赂，不断地在吴王夫差面前为勾践说情，吴王夫差对勾践也产生了好感。勾践这一着的确厉害，他以忍来激励自我，同时还用计使吴王君臣纵情声色，荒废朝政。

　　后来有一个绝好的机会为勾践回国创造了条件。吴王病了，勾践为表忠心，在伯嚭的引导下，去探视吴王，正赶上吴王大便，待吴王出恭后，勾践尝了尝吴王的粪便后，便恭喜吴王，说他的病不久将会痊愈。这件事在吴王放留勾践的态度上起了决定性作用。或许是勾践真的懂得医道，能看出吴王的病快好了；或许是勾践有意恭维吴王；或许是上天垂青勾践，总之，吴王的病真的好了，勾践此时已彻底取得了吴王的信任，吴王见勾践真的顺从了自己就把他放了。

　　勾践在这件事上所表现出来的忍辱的确是一般人做不到的。纵观这一时期勾践的忍，是极其恭顺的忍。因为勾践很明白，这种为人奴仆的生活可能是茫茫无期，也可能近在咫尺。何也？因为这完全取决于吴王，只要吴王高兴，对自己所做的事满意，那么自己则有可能会提前获得自由。

　　勾践回国复位后，想到在吴国受的屈辱，内心燃烧着复仇的怒火。但时机并不成熟，他还需要继续忍耐，努力治理国家，等到兵精粮满时便一举伐吴。于是，他取来猪的苦胆放在座位旁，或坐或卧都要仰视苦胆，每顿饭前尝一点苦胆。他为激励自己复仇的心愿，经常问自己："勾践，你忘了会稽山的耻辱了吗？"他还和普通人一样亲自参加农田耕作，让夫人像普通妇女一样亲自纺线织布，吃粗劣的饭食，穿普通衣着，尊重贤才，虚心待贤，救贫吊丧，与老百姓同甘共苦。

身处逆境，需要坚忍不拔；忍辱负重，其终极目标是为了达到扭转乾坤的目的。勾践坚韧能忍是为了灭吴兴越，忍到一定程度总有爆发的一天，如果一味地忍下去，则是性格懦弱的表现。勾践终于忍到该向吴国进攻复仇的时候了。结果正如勾践所愿，一战便把吴军杀得大败。这次卑躬屈膝的不再是越王勾践了，而是吴王夫差。夫差也想像当年勾践向自己称臣为奴一样，打算投降勾践。勾践很可怜夫差，想答应夫差的请求，但被范蠡劝住了。最终吴国灭亡了，吴王夫差自杀身亡。当时中原的几个大诸侯国，都处于低潮，不少小国投降了勾践，于是勾践俨然成了最后一代春秋霸主。勾践终于一吐胸中 20 多年的屈辱晦气，完成了复仇称霸之伟业。

国王、奴仆、霸主把勾践人生命运的轨迹勾画得清清楚楚，难道我们不能从中受到启发吗？


## 老干妈：因势利导走出一片天

她早年丧夫，为了将两个儿子拉扯大，她举过 8 磅大锤，背过黄泥巴。她没有上过一天学，唯一能认会写的是自己的名字——这是儿子成人后教她的。她叫陶华碧，经营着老干妈风味食品。

陶华碧卖豆豉辣椒，成了亿万富翁。论实力，她丈夫早逝，无任何家族势力辅佐；论机会，做的只是辣椒酱，是再传统不过的产业；论知识，就更谈不上了，她不仅没有留过洋，没有上过学，她只认识自己的名字，而那还是当了老板以后为了签字才好不容易学会的。

是的，我们有必要问一问：陶华碧你凭什么？

陶华碧如是说："吃苦耐劳累不死人，只要肯吃苦，没得办不成的事。"

1947年，陶华碧出生于贵州省湄潭县一个偏僻的小山村。由于家里贫穷，陶华碧从小到大没读过一天书。1967年，20岁的陶华碧嫁给了一名地质队员。丈夫经常在野外考察，陶华碧婚后与丈夫也是聚少离多。但这样的日子还没过几年，丈夫就因病去世了。20多岁的陶华碧，从此与两个嗷嗷待哺的孩子相依为命。

为了养活孩子和自己，陶华碧做过苦力、摆过地摊，像一头驴子一样任劳任怨。陶华碧顽强地自立，以践行丈夫临终前对她的嘱咐："要自带饭碗"，拉扯大两个孩子。

多年的辛勤奔波加省吃俭用，陶华碧积攒了两千元钱。1989年，42岁的陶华碧用这些钱，在贵阳市南明区龙洞堡的一条街边开了一家"实惠餐厅"，专卖凉粉和冷面。她的餐厅也并不是真正意义上的门面，是她自己用四处捡来的砖头请人搭起来的。

陶华碧的餐厅生意很好。餐馆里还有供顾客自己取用的调味品。陶华碧制作的调味品有豆豉辣椒酱、香辣菜等。陶华碧一开始也不明白自己的餐馆为什么生意要比其他人的餐馆红火，直到有一次，一个客人用餐后要求买些豆豉辣椒酱带回去，她才知道原来自己做的调味品很受顾客欢迎，从而带动了餐馆的生意。

见自己制作的豆豉辣椒酱有这么多人喜欢，陶华碧心里很高兴。这事给了她很大的触动，她决心把辣椒酱做得更好，一则可以带动餐馆的生意，二则可以出售辣椒酱赚点钱。经过反复的试制，她制作的麻辣酱风味更加独特了。很多客人吃完凉粉后，又掏出钱来买一点麻辣酱带回去，甚至有人不吃凉粉却专门来买她的麻辣酱。这样，陶华碧的餐馆的利润要比以前多一倍以上。

但是她慢慢发现，虽然辣椒酱越卖越好，但餐厅生意却越来越差。陶华碧心里纳闷了：难道别的同行用了什么高招了？

有一天，陶华碧关上店门，偷偷地走访了就近的十多家卖凉粉的餐馆和食摊，发现人家的生意都比先前红火。原来，他们托人在自己手里买了大量的辣椒酱，放在店里供顾客选用。这样，陶华碧餐厅里的特色就不再是特色了，大家都有这种辣椒酱，顾客也就没必要蜂拥到陶华碧的餐馆里来了。

真是教会徒弟饿死师傅，陶华碧对于这种状况显然很懊悔。第二天，她再也不卖辣椒酱了。结果，这招釜底抽薪的办法，把那些买不到麻辣酱的餐厅老板们给急坏了。老板们纷纷来求她，并半开玩笑地说："你既然能做出这么好的辣椒酱，还卖什么凉粉？干脆专门卖辣椒酱算了！"

陶华碧听了这话，心里一动：是呀，有这么多人爱吃我的麻辣酱，我还卖什么凉粉？趁机开家辣酱加工厂，销路不愁，不是很好吗？

1996年7月，陶华碧租了两间厂房，招聘了40名工人，办起了食品加工厂，专门生产麻辣酱，并定名为"老干妈麻辣酱"。

办厂之初，陶华碧工厂的辣椒酱主要供应当地的凉粉店。为了扩大销路，陶华碧背着麻辣酱到各食品商店和单位食堂进行试销。不怕不识货，就怕试用货，用过的都说好，销路很快上来了。不久，"老干妈"的名号就在贵阳打响。

经过一年的经营，"老干妈"在贵阳市稳稳地站住了脚。这时，陶华碧对市场与产品已经完全心里有数。于是，在1997年9月，她"趁热打铁"，把作坊式的工厂办成公司，扩大规模，将目光对准了整个贵州。经过不到两年的推广，"老干妈"在贵州稳稳地占据调味品市场的前三名。陶华碧乘胜追击，又在全国攻城略地，一举成为全国知名品牌。

陶华碧的"老干妈"自创立以来，总体上还是一帆风顺的。一个没有文化知识的"大妈"级创业者，将一个小作坊在短时间内变成了大企业，这似乎不太符合常理。但仔细想想，"老干妈"的成功又是在情理之中，因为陶华碧的创业是顺应趋势的发展。当初工厂还未开，就有"顾客"极力怂恿、持币待购，陶华碧所要做的只是顺势而为，创立工厂满足需求。后来不断增产，将生意做大，也没有丝毫强行起飞的痕迹，一切都那么自然而然。这样的创业，可谓因势利导、水到渠成。

《史记·孙子吴起列传》："善战者因其势而利导之。"说的是善于用兵作战的人总是顺着时势的发展趋势，从有利的方面去引导它。无论做什么事，如果我们都能因势利导，这样办起事来则事半功倍。

善弈者谋势，不善弈者谋子。因势利导，水到渠成。在人生的棋盘上，谋大势者居功至伟，谋优势者顺利畅通。

从一开始几十人的作坊式工厂，在短短三四年里做到上千人的公司，陶华碧渐渐感到自己的作坊式的"土办法"已经跟不上事业的发展速度了。为此，陶华碧努力学习——她不识字，便通过与人交谈来学习。此外，她大量聘请专业管理人才来帮助自己。

期间，陶华碧就把公司的管理人员轮流派往广州、深圳和上海等开放城市，让他们去考察市场，到一些知名企业学习先进的管理经验。她直率地对他们说："我承认自己'老土'，但你们别土，企业别土！你们每个人出去后，都帮我拿回一点新东西来！"这一招还真管用，派出去的管理人员陆续回来后，很快就使公司逐步走上了科学化管理的道路。

　　一个人只有承认自己的不如人，才能胜于人。"知人者智，自知者明。"意思是：了解别人是智慧，了解自己是圣明。人终究不可能处处胜人。敢于承认自己不如人，正是源于了解别人和了解自己。因此，敢于承认自己不如人的人，是明智之人。

## 周星驰：做自己命运的编剧

　　从小在贫民窟中长大，中学毕业后，没有工作、只会做梦；好不容易当上演员，却面临八年跑龙套的命运。但即使在这样的命运恶神面前，周星驰也能保留一丝笑意，持续地往上爬，直至成为现在家喻户晓的喜剧之王。

　　在所有的影视剧中，"宋兵甲"或"土匪乙"之类的角色，从来就是配角中的配角、龙套里的龙套，以至于编剧在创作剧本时，连个具体的名字也懒得取。当然，这些无足轻重的角色由谁来演，也同样无足轻重。在1983版的《射雕英雄传》中，有一个宋兵甲的角色，由当时默默无闻的周星驰扮演。虽然这个宋兵甲一出场就死去了，但周星驰在拍摄时也花了不少心血。"导演本来设计我被人一掌打死，"周星驰说，"但是我认为这样有点不太真实，于是自己设计了反抗的动作。第一掌我用手挡了一下，直到挨第二掌时才倒地死去。但是导演不满意了，认为这个小龙套占用的时间太长，除了批评一顿之外，还要重拍。"

　　周星驰一路从坎坷中坚毅地走来，有泪水，也有欢笑。无论是在讥讽的言语中，还是在崇拜的包围里，他都牢记一句曾经的台词——"其实，我只是一个演员"。

　　周星驰的童年是不堪回首的。如果你看过他监制、编剧、导演并主演的电影《功夫》，一定对中心场景"猪笼城寨"记忆犹新。周星驰出生于中国香港一个贫寒的家庭，是在九龙区的贫民窟长大的。他对此从不讳言："《功夫》的中心场景'猪笼城寨'也是对我自己过去生活的写照之一。拥挤的公寓楼和我儿时的鸽子笼似的家非常相似。我小时候住的地方就是这个模样，挤满了人，仿佛所有人都贴在一起。"

在周星驰7岁时，父母便离异了。他的妈妈一个人带着三个孩子，生活得很拮据。周星驰回忆童年时，曾这样说："小时候妈妈打我，是因为我看中的玩具，她死活都不给我买，不管我怎么吵怎么闹，最后她打了我。那时候不懂事，就觉得你不买本来就没道理，还要打我，所以就很伤心。"

虽然周星驰很怕挨妈妈的打，但玩具对于小孩子的诱惑力是没有什么能抵挡的。周星驰就自曝，小时候就偷妈妈的50块钱去买玩具，"那时候50块钱相当于当时一个月的家用。结果妈妈回家后到处乱找、乱翻。最后反复审问我、不停地打我，我就是坚决不承认。"到最后，妈妈真的以为是自己弄丢了。"我只记得她一个人坐在那里，不断地责备自己。"看着妈妈像疯了一样地跑来跑去，周星驰心里很难过，"但是又不能拿出来，因为可能会有生命危险。"周星驰笑起来很心酸："其实我现在想起来心里真的很难过，为什么这种事都干得出来？"最后，周星驰用那50块钱买了心仪的玩具，但没敢带回家，而是一直放在了同学家。

周星驰曾在16岁那年暑假，去美孚的新世界酒楼卖点心，为的是想赚钱买李小龙纪念品。他说："我做过几份暑期工，比如卖眼镜、卖电器。印象中最深刻的是那年暑假去酒楼卖点心，月薪大约600港元。在酒楼打工什么怪人都见过，反应不快就会被客人骂，所以一定要能言善辩和有礼貌。"他的伶牙俐齿必也是那时候训练出来的。

后来，他与好友梁朝伟一起去报考中国香港的无线艺人培训班。梁朝伟考上了，他却名落孙山。周星驰分析了一下原因，认为自己的身高不够导致了自己落榜。1982 年，当他再次参加无线的招考时，特地买了一双增高皮鞋去面试。这次他终于如愿以偿。

1983 年夏天，21 岁的周星驰从中国香港无线电视台演员训练班结业后，被指派担任了中国香港无线电视台一档儿童类节目的主持人。为了实现自己的演员梦，他在主持电视节目之余努力地寻找跑龙套的机会。周星驰曾在接受采访时追述昔日的辛酸："当年混得的确很差劲，有时候不得不为了多赚几十块钱，而四处烧香拜神等候差遣。那时候片场经常是几组戏同时赶工，口令一来马上调换行头转场子。自己为了生计着想，不得不学着很油条的样子，跟人家插科打诨磨嘴皮，有时候一具死尸的差事也要浪费一升的口水来争取。这是很无奈的选择，否则又能怎么样，难不成继续受穷？"

跑龙套时的周星驰并不甘心，他常常跟导演争取各种机会展现自己，但毫无疑问，导演对于这种群众演员的建议懒得搭理。但这并不影响周星驰的热情，他还是"不停地、开开心心地提建议，再开开心心地被拒绝"。

对于演员来说，剧本就是命运，导演就是上帝，周星驰却努力要做自己命运的编剧、自己人生的导演。周星驰曾回忆自己漫长的龙套生涯，说自己演的角色"就算一出场就死掉，也要研究死法"。这句话有一点伤感，但更多的是一种不甘心被命运安排的呐喊。也许正是其中包含着复杂的情感，在我们听到这句话的时候，会触痛心灵最柔软的地方，引起震撼、沉思与共鸣。

时间到了 1987 年，周星驰还是在龙套中挣扎。这一年，他的坚守与努力似乎出现了回报——他得到了一个不同于以往的配角：终于在万梓良、郑裕玲主演的《生命之旅》中演上了大配角。虽然还是配角，但有了一个"大"字。在拍剧休息时，心存梦想的周星驰和主角郑裕玲闲谈。谈及自己的前途，周星驰问对方自己是否会走红，结果郑裕玲说了一句："你不会红。"由于当时周星驰已经被很多人看扁，但这回被人亲口说出来，周星驰还是伤心不已。一次又一次的打击，难道不觉得苦？周星驰是这样回答的："我不从苦的角度看事情。"

周星驰早年的龙套经历，后来被糅合进了他主演的喜剧《喜剧之王》。如果你看过周星驰主演的电影《喜剧之王》，就明白一个无名小卒要登上闪光的舞台挑大梁是何等艰辛。在《喜剧之王》的电影之中，周星驰扮演的尹天仇俨然就是成名前历经辛酸的周星驰。因为尹天仇一开始也是一个跑龙套的。他在演一个牧师时，怎么死都死不了，被娟姐、导演一干人等教训他浪费了胶片，且剧务阿姨很真诚地对他说："我真的不知道你在干什么。"这就脱胎于周星驰当年的"宋兵甲"。

尹天仇作为一个被所有人忽略与践踏的龙套演员，却成天捧着本《论演员的自我修养》来学习，经常以阿 Q 的精神重复着这样一句话："其实我是一个演员。"有人说，这部电影是周星驰的自传，周星驰也承认其中有很多是自己过去的写照。他说："《喜剧之王》已诉尽我当年的经历，情节是虚构的，但感受是真实的。"和片中的尹天仇一样，周星驰正是从跑龙套走到今日的"喜剧之王"的。

《喜剧之王》是一部"励志喜剧"，让观众在笑过之后，对人生有了更多的感悟。从本质上讲，我们大多数人都是跑龙套的，只是这个龙套的层面稍有不同罢了。尹天仇身上最闪光的地方莫过于他对理想的执着追求和对自我的坚定认同，无论他人如何看待自己，他自己一直都自认为是一位演员，在整个世界几乎抛弃了他之后，他却在孤独与彷徨中紧紧地握着自己的梦想，不断激励自己，肯定自己，给予自己前行的动力。

功夫不负有心人。由于周星驰在主持节目时有着出色表现，同时也在一些电视剧中担任了角色，于是，电视台开始重视他的发展。1987 年，周星驰终于如愿以偿，被安排进入中国香港无线电视剧部担任演员。1988年在《霹雳先锋》中担任配角，一炮而红。从1990年起，周星驰转向喜剧，他开创的"无厘头"搞笑风格在中国香港影坛风光无限，《赌圣》《逃学威龙》《国产零零漆》《大内密探零零发》，直到20世纪末的《喜剧之王》，将周氏风格演绎到极致。

谈到人生的成败，总是有人喜欢拿"命运"来说事。一些人一听到"命运"，要么是迷信到底，要么是嗤之以鼻。其实，"命运"并不神秘，也不深奥，它是由"命"与"运"组成。

接受你所不能改变的，改变你所不能接受的——前者既是"命"，后者既是"运"。试看那些成功人士，有几个不是靠自己后天的"运"一步步走向巅峰的？

周星驰出身贫寒，可谓"命苦"，经历长达八年的龙套生涯后，他星光渐露，一步一步成长到如今中国影坛的喜剧之王。他的成功，在于他不停地"运"，直至交上好运。对于自己的人生历程，周星驰曾这样总结："我的奋斗史，不是独一无二的，社会上比比皆是……像我们这些普通大众，如果不是靠着信念、斗志，怎能做出成绩？"

在中国香港的演艺圈中，当今很多在影坛占有一席之位的人物都有着类似周星驰的经历，如成龙、周润发、刘德华等。他们的起点都很普通，曾经都是默默无闻的小人物，只因心中那希望之花从未凋谢，只因那胸中的激情之火从不熄灭，他们一步步爬上了事业的巅峰。这些人的成功，象征着普通群体的奋发图强，给同样是小人物的我们树立了榜样。

如果我们留心周星驰主演的角色，就会发现十个里面有九个属于最平凡的人。他们生活在嘲笑与欺侮中。周星驰在影视剧中，总是把自己放低，把别人垫高。让观众在观看影片时不仅获得快乐，还能获得自信与希望。

周星驰过去的四十多年的人生历史，其实也就是一个又一个对于人生格局的打破与突围。从贫困潦倒、无所事事的小人物，奋起一跃，进了无线的艺员培训班。毕业后，周星驰主持儿童节目"430穿梭机"，颇受欢迎。他却利用闲时寻找演戏的机会、钻研演戏的窍门，试图再次突破自己人生的格局。

1987年，周星驰主演了《他来自江湖》《盖世豪侠》，逐渐显露出他独特的喜剧才华。1988年他应李修贤之邀出演电影《霹雳先锋》，获第二十五届中国台湾金马奖最佳男配角奖。周星驰八年积蓄的能量，在1990年出演的电影《赌圣》时，终于迸发出来。这部电影创当年中国香港最高票房纪录，宣告周星驰从此迈上一线演员的台阶。之后，周星驰开始在电影界大放异彩，主演的不少电影广为传放，备受推崇。

从配角到巨星，周星驰似乎可以安然地享受功名了。但他又开始了折腾，从1994年起，他开始自导自演，如《国产凌凌漆》（合导，参与编剧）、《大内密探零零发》《食神》（1996，合导）、《喜剧之王》（1999）等，成绩皆不俗。

这一突破，又是10年。2004年，周星驰集演、编、导为一体的电影《功夫》一炮走红，叫好又叫座，并获第四十二届金马奖最佳剧情片、最佳导演奖，以及第二十四届金像奖最佳影片奖。这标志着周星驰不再只是中国香港著名的喜剧演员，还成为中国香港著名的喜剧编导。